一步一步学电脑

——家庭篇

朱仁成　朱海博　编著

西安电子科技大学出版社

内 容 简 介

本书是"一步一步学电脑"系列丛书之一。本书完全从家庭使用电脑的角度出发，详细介绍了电脑的使用与操作知识，主要内容包括家用电脑使用基础、Windows XP 基本操作、管理电脑中的文件、电脑打字、用 Word 制作文档、用 Excel 管理家庭账目、家庭影院、数码照片的浏览与处理、DV 视频的导入与编辑、电子相册的制作、互联网的基本应用以及家庭电脑的维护与安全等。

本书完全针对家庭用户，内容贴近生活，语言浅显易懂，且操作性强，突出"一步一步学"的特点，读者可以边学边练，以快速达到学习目的。

本书适用于家庭初、中级电脑用户，也适用于不同年龄层次的电脑爱好者，同时也是一本非常实用的电脑入门参考书。

图书在版编目(CIP)数据

一步一步学电脑. 家庭篇/朱仁成，朱海博编著. —西安：西安电子科技大学出版社，2012.2

ISBN 978–7–5606–2687–1

Ⅰ. ① 一… Ⅱ. ① 朱… ② 朱… Ⅲ. ① 电子计算机—基本知识 Ⅳ. ① TP3

中国版本图书馆 CIP 数据核字(2011)第 208194 号

策　　划　毛红兵

责任编辑　杨宗周　毛红兵

出版发行　西安电子科技大学出版社(西安市太白南路 2 号)

电　　话　(029)88242885　88201467　　　邮　编　710071

网　　址　www.xduph.com　　　　　　电子邮箱　xdupfxb001@163.com

经　　销　新华书店

印刷单位　西安文化彩印厂

版　　次　2012 年 2 月第 1 版　　2012 年 2 月第 1 次印刷

开　　本　787 毫米×960 毫米　1/16　印 张　21.5

字　　数　430 千字

印　　数　1～2000 册

定　　价　32.00 元

ISBN 978–7–5606–2687–1/TP·1307

XDUP 2979001–1

如有印装问题可调换

本社图书封面为激光防伪覆膜，谨防盗版。

前　言

目前，电脑不再是一个陌生的名词，也不再是机关、学校、企业等部门的专属品，而是成为了家庭生活的一部分。除了城市家庭，在农村家庭中，电脑的拥有率也越来越高。电脑的普及让我们的生活步入了高科技时代，通过电脑可以处理各种文件、上网查询数据、收集各种信息、收发电子邮件，还可以通过 QQ 等进行视频聊天，这大大丰富了我们的业余生活，提高了生活质量。

虽然现在电脑的普及率很高，但是电脑在家庭中还没有发挥出它应有的作用，大多数家庭的电脑应用还停留在打游戏、上网、看电影的状态。其实电脑并不是游戏机，它是多功能的，既可以用于工作与学习，也可以用于家庭娱乐。因此，学习与掌握电脑知识和技能是每一个家庭用户的当务之急。

学习电脑的最好方法就是动手操作。本书面向家庭初级用户，以简洁、通俗的语言介绍了家用电脑的操作方法，让用户边学边练，逐步消除对电脑的神秘感，掌握正确使用电脑的技能，步入丰富多彩的电脑世界，让家庭生活充满乐趣。

全书共分 12 章，内容安排如下：

第 1 章：从零开始，介绍了家庭电脑的选购、组成、工作原理、基本连接方式以及如何启动与关闭电脑，同时还介绍了键盘与鼠标的使用知识。

第 2 章：从桌面入手，介绍了 Windows XP 操作系统中的相关术语及操作方法，如桌面图标、【开始】菜单、任务栏、窗口、菜单与对话框等。

第 3 章：以"我的电脑我做主"为核心，介绍了修改桌面主题、屏幕保护程序，更改制造商信息，创建新账户等个性化项目，让用户轻松掌握设置或美化电脑的方法。

第 4 章：操作电脑必须要会打字，所以本章介绍了两种最基本的中文输入法：智能 ABC 输入法与搜狗拼音输入法。

第 5 章：文件的混乱会导致电脑工作效率降低，所以本章介绍了管理文件的方法。把电脑中的文件管理得井然有序，是初学者应该养成的良好习惯。

第 6 章：介绍了使用 Word 创建文档、编辑文档与排版的基本技术，可以让用户掌握最基本的文字处理方法。

第 7 章：介绍了 Excel 表格的制作、数据的计算和分析，可以让用户学会一些简单的家务数据处理。

第 8 章：介绍了数码相机、数码 DV 与电脑之间的数据交换，以及处理数码照片与 DV 视频的一些方法。

第 9 章：介绍了家庭电脑在多媒体方面的应用，包括音像节目的播放与收听，以及网络视听的一些方法。

第 10 章：介绍了最基本的 Internet 上网技术，包括浏览网页、搜索信息、下载有用资源的一般方法。

第 11 章：以 Internet 网络为核心，介绍了常用的网络通信方法，如电子邮件、QQ 等，同时也介绍了时尚的网络生活，如写博客、读书、看报、求职等。

第 12 章：介绍了电脑的一般维护常识、杀毒常识以及电脑故障的排查方法，以帮助用户了解电脑安全与维护方面的知识。

本书语言简洁、图文并茂，适用于初学者。希望本书能像一位贴心的朋友，将枯燥的电脑知识娓娓道来，让您的工作、学习、家庭生活充满乐趣。

本书由朱仁成、朱海博编著，参加编写的还有孙爱芳、郭建明、于岁、朱海燕、谭桂爱、赵国强、于进训、孙为钊、葛秀玲、姜迎美等。

由于编者水平有限，书中如有不妥之处，欢迎广大读者朋友批评指正。

编　者
2011 年 9 月

目　　录

第1章　最智能的"家电"——电脑 1

1.1　智能家电——电脑 2

　1.1.1　家庭电脑的用途 2

　1.1.2　适合的就是最好的 3

1.2　电脑的组成 5

　1.2.1　电脑硬件 5

　1.2.2　电脑软件 11

　1.2.3　硬件与软件之间的关系 11

1.3　连接电脑硬件 12

　1.3.1　连接显示器 12

　1.3.2　连接鼠标和键盘 14

　1.3.3　连接音箱 14

　1.3.4　连接主机电源 15

1.4　电脑初体验 16

　1.4.1　启动电脑 16

　1.4.2　认识 Windows XP 桌面 18

　1.4.3　关闭电脑 19

1.5　使用鼠标 20

　1.5.1　鼠标的结构 20

　1.5.2　怎样握鼠标 21

　1.5.3　鼠标的基本操作 21

　1.5.4　认识鼠标指针 23

1.6　使用键盘 24

　1.6.1　键盘的分区 24

　1.6.2　正确的坐姿 26

　1.6.3　手指分工 27

　1.6.4　正确的击键方法 27

第2章　揭开 Windows XP 的神秘面纱 29

2.1　从 Windows 桌面开始 30

　2.1.1　认识桌面上的图标 30

　2.1.2　找回系统图标 31

　2.1.3　移动桌面图标 31

　2.1.4　排列桌面图标 32

　2.1.5　改变桌面图标大小 33

　2.1.6　删除桌面图标 34

2.2　【开始】菜单 34

　2.2.1　菜单功能介绍 35

　2.2.2　经典【开始】菜单 36

　2.2.3　启动应用程序 36

2.3　关于任务栏 37

　2.3.1　任务栏的组成 37

　2.3.2　调整任务栏的大小 39

　2.3.3　改变任务栏的位置 40

　2.3.4　设置任务栏外观 40

2.4　窗口的操作 41

　2.4.1　窗口的组成 42

　2.4.2　最小化、最大化/还原与关闭窗口 43

　2.4.3　移动窗口 43

　2.4.4　调整窗口大小 44

　2.4.5　多窗口排列 44

　2.4.6　切换窗口 45

2.5　关于菜单 45

　2.5.1　菜单的种类 45

　2.5.2　菜单的操作 47

　2.5.3　菜单的约定 48

2.6　认识对话框 48
　　2.6.1　对话框与窗口的区别 49
　　2.6.2　对话框的组成 50

第3章　我的电脑我做主 53

3.1　外观的设置 54
　　3.1.1　更改桌面背景 54
　　3.1.2　更改窗口外观 57
　　3.1.3　更改系统图标 58
　　3.1.4　更改桌面主题 60
　　3.1.5　设置屏幕保护程序 61
3.2　系统属性的设置 63
　　3.2.1　认识控制面板 63
　　3.2.2　设置系统时间和日期 64
　　3.2.3　设置显示器分辨率 65
　　3.2.4　设置显示器的刷新率 66
　　3.2.5　设置鼠标与键盘 67
3.3　高级个性化设置 69
　　3.3.1　在系统时间前面加上文字 69
　　3.3.2　更改制造商标志 70
　　3.3.3　隐藏文件夹 72
　　3.3.4　隐藏硬盘驱动器 73
　　3.3.5　去除快捷方式图标的小箭头 75
3.4　设置用户账户 76
　　3.4.1　创建新账户 76
　　3.4.2　设置账户密码 77
　　3.4.3　删除账户 79

第4章　轻松输入汉字 81

4.1　输入汉字前的准备 82
　　4.1.1　选择输入法 82
　　4.1.2　添加输入法 83
　　4.1.3　安装第三方输入法 84
　　4.1.4　删除输入法 85

4.2　智能 ABC 输入法的使用 86
　　4.2.1　认识输入状态条 86
　　4.2.2　外码输入与候选窗口 87
　　4.2.3　全拼输入法 88
　　4.2.4　简拼输入法 89
　　4.2.5　混拼输入法 90
　　4.2.6　智能 ABC 的输入法则 90
　　4.2.7　标点符号的输入 90
4.3　搜狗拼音输入法的使用 91
　　4.3.1　输入汉字 91
　　4.3.2　输入英文 91
　　4.3.3　输入特殊字符 92
　　4.3.4　使用模糊音输入 93
　　4.3.5　修改候选词个数 95
　　4.3.6　统计输入速度 95

第5章　学着管理自己的电脑 97

5.1　认识文件与文件夹 98
　　5.1.1　什么是文件 98
　　5.1.2　什么是文件夹 99
　　5.1.3　文件与文件夹的关系 99
　　5.1.4　文件的路径 100
5.2　浏览电脑中的文件 101
　　5.2.1　两个重要的窗口 101
　　5.2.2　浏览硬盘中的文件 102
　　5.2.3　浏览其他存储设备上的文件 103
　　5.2.4　查找文件与文件夹 104
　　5.2.5　不同的视图方式 105
5.3　管理文件与文件夹 107
　　5.3.1　新建文件与文件夹 107
　　5.3.2　重命名文件与文件夹 108
　　5.3.3　选择文件与文件夹 109
　　5.3.4　复制和移动文件与文件夹 111
　　5.3.5　删除文件与文件夹 113

5.4 使用回收站 114
  5.4.1 还原被删除的文件 114
  5.4.2 清空回收站 115
5.5 管理磁盘 116
  5.5.1 文件系统 116
  5.5.2 格式化磁盘 117
  5.5.3 查看磁盘属性 118
  5.5.4 磁盘查错 118
  5.5.5 磁盘碎片整理 120
  5.5.6 磁盘清理 121

第 6 章 日常文件处理高手——Word 123
6.1 初识 Word 2007 124
  6.1.1 启动 Word 2007 124
  6.1.2 Word 2007 的工作界面 125
6.2 Word 2007 的基本操作 127
  6.2.1 新建文档 127
  6.2.2 保存文档 128
  6.2.3 打开文档 128
  6.2.4 关闭文档 129
6.3 输入与编辑文本 129
  6.3.1 输入文本 130
  6.3.2 选择文本 133
  6.3.3 删除文本 134
  6.3.4 修改文本 135
  6.3.5 移动文本 135
  6.3.6 复制文本 136
6.4 设置文本格式 136
  6.4.1 设置文本字号 137
  6.4.2 设置文本颜色 138
  6.4.3 设置文本字形 138
  6.4.4 设置文本效果 139
  6.4.5 设置字符间距与位置 139
6.5 设置段落格式 141

6.5.1 设置对齐方式 141
6.5.2 设置段落缩进 142
6.5.3 设置行间距和段间距 143
6.6 编排图文并茂的文章 144
  6.6.1 插入图片 144
  6.6.2 插入剪贴画 145
  6.6.3 插入艺术字 146
  6.6.4 使用文本框 147
  6.6.5 设置图文混排方式 149
6.7 在文档中插入表格 151
  6.7.1 创建表格 151
  6.7.2 绘制斜线表头 152
  6.7.3 绘制表格 153
  6.7.4 调整行高和列宽 154
  6.7.5 合并单元格 155
  6.7.6 拆分单元格 156
  6.7.7 应用表格样式 157
6.8 文档页面设置和打印 158
  6.8.1 设置纸张大小和纸张方向 158
  6.8.2 设置页面边距 159
  6.8.3 打印预览 160
  6.8.4 打印文档 160

第 7 章 家庭理财助手——Excel 163
7.1 初识 Excel 2007 164
  7.1.1 启动 Excel 2007 164
  7.1.2 认识 Excel 2007 工作界面 164
7.2 工作簿的基本操作 166
  7.2.1 创建工作簿 166
  7.2.2 保存工作簿 168
  7.2.3 打开工作簿 168
7.3 工作表的基本操作 169
  7.3.1 工作表的切换与选定 169
  7.3.2 重命名工作表 170

7.3.3 插入与删除工作表 170
7.3.4 移动或复制工作表 172
7.4 输入数据 172
    7.4.1 输入文字或数字 172
    7.4.2 输入字符型数字 174
    7.4.3 日期和时间的输入 174
    7.4.4 快速填充 175
7.5 单元格的操作 178
    7.5.1 选择单元格 178
    7.5.2 修改单元格数据 179
    7.5.3 移动或复制单元格数据 180
    7.5.4 插入或删除单元格 180
    7.5.5 合并单元格 181
    7.5.6 调整行高、列宽 182
7.6 美化表格 182
    7.6.1 设置数字格式 183
    7.6.2 设置字符格式 184
    7.6.3 设置对齐格式 185
    7.6.4 设置边框和底纹 186
    7.6.5 设置工作表格式 188
7.7 使用公式和函数计算表格中的数据 ... 189
    7.7.1 使用公式计算数据 189
    7.7.2 计算结果的显示 191
    7.7.3 手工输入函数 191
    7.7.4 自动计算功能 192
    7.7.5 使用向导输入函数 193
7.8 将表格中的数据制作成图表 194

第8章 留住家庭生活的精彩瞬间 197
8.1 数字文件的导入 198
    8.1.1 将数码相机中的照片导入电脑中 ... 198
    8.1.2 使用扫描仪获取照片 199
    8.1.3 将 DV 中的数据导入电脑中 200
8.2 使用 ACDSee 软件 202

8.2.1 工作界面介绍 202
8.2.2 浏览照片 203
8.2.3 编辑照片 204
8.3 使用 Photoshop 处理照片 206
    8.3.1 Photoshop 简介 206
    8.3.2 介绍几个调色命令 209
    8.3.3 改变照片的大小 212
    8.3.4 使灰濛濛的照片变清楚 214
    8.3.5 让照片更加艳丽 215
    8.3.6 浪漫的金秋色彩 217
    8.3.7 让自己的照片当桌面 219
    8.3.8 修复闭眼的照片 222
8.4 使用"会声会影"编辑影像 224
    8.4.1 会声会影简介 224
    8.4.2 制作家庭电子相册 226
    8.4.3 制作家庭影片 229

第9章 我的家庭影院 233
9.1 让"录音机"留住声音 234
    9.1.1 认识"录音机" 234
    9.1.2 使用"录音机"播放声音 235
    9.1.3 使用"录音机"录制声音 235
9.2 Windows Media Player 236
    9.2.1 认识 Windows Media Player 236
    9.2.2 播放电脑中保存的歌曲 237
    9.2.3 播放 VCD 中或硬盘上的电影 238
    9.2.4 创建与管理播放列表 239
9.3 聆听美妙的音乐——千千静听 242
    9.3.1 千千静听的界面 243
    9.3.2 播放本地音乐文件 243
    9.3.3 制作播放列表 245
    9.3.4 使用千千静听在线听歌 245
9.4 视频播放——暴风影音 246
    9.4.1 播放本地视频文件 246

9.4.2 用暴风影音在线看电影 248

9.5 网络视听新感受 248

9.5.1 使用 QQ 音乐听歌 249

9.5.2 百度也能听音乐 251

9.5.3 网上的音乐听不完 251

9.5.4 土豆网上看视频 253

9.5.5 使用 PPS 看电视 254

9.5.6 在网站上看电视 256

第 10 章 在家畅游互联网 258

10.1 接入 Internet 网络 259

10.1.1 上网方式介绍 259

10.1.2 开通 ADSL 业务 259

10.1.3 ADSL Modem 与电脑的连接 260

10.1.4 建立 ADSL 拨号连接 261

10.1.5 实现上网 263

10.2 使用 IE 浏览网页 264

10.2.1 认识 Internet Explorer 264

10.2.2 在新浪网上看新闻 265

10.2.3 将喜欢的网页收藏起来 267

10.2.4 浏览访问过的网页 267

10.2.5 设置 IE 默认主页 269

10.2.6 保存网页及网页信息 270

10.3 搜索网络信息 271

10.3.1 搜索好看的图片 272

10.3.2 查询天气预报 274

10.3.3 搜索地图与乘车线路 275

10.3.4 查询列车时刻表 277

10.3.5 搜索旅游景区 278

10.4 下载网络资源 280

10.4.1 使用 IE 下载资源 280

10.4.2 使用迅雷下载 281

10.4.3 使用电驴下载 283

第 11 章 尽情享受网络生活 286

11.1 收发电子邮件 287

11.1.1 申请免费电子邮箱 287

11.1.2 登录邮箱 288

11.1.3 编写并发送邮件 289

11.1.4 查看和回复新邮件 290

11.1.5 向邮件中添加附件 291

11.1.6 删除邮件 292

11.2 使用 QQ 与亲友聊天 292

11.2.1 申请免费 QQ 号码 292

11.2.2 登录 QQ 293

11.2.3 查找与添加好友 294

11.2.4 使用 QQ 聊天 295

11.2.5 语音聊天 297

11.2.6 视频聊天 297

11.2.7 传送文件 298

11.3 上网写博客 299

11.3.1 开通自己的博客 299

11.3.2 登录博客 303

11.3.3 修改个人资料 304

11.3.4 更改模板风格 305

11.3.5 撰写博客文章 307

11.4 网络生活丰富多彩 308

11.4.1 网上读书 308

11.4.2 网上看报纸 309

11.4.3 网上看杂志 311

11.4.4 网上求职 312

第 12 章 家庭电脑的安全与维护 315

12.1 电脑的日常维护 316

12.1.1 适宜的环境 316

12.1.2 良好的习惯 317

12.1.3 正确的操作 318

12.2 查杀电脑病毒 319

12.2.1 什么是电脑病毒 319

12.2.2 电脑病毒的特点 319

12.2.3 什么是木马 320

12.2.4 电脑病毒的传播与防范 320

12.2.5 安装金山毒霸 321

12.2.6 快速扫描与全盘扫描 323

12.2.7 自定义杀毒 326

12.3 排除电脑故障 328

12.3.1 电脑故障的类型 328

12.3.2 电脑故障的检测方法 330

12.3.3 处理故障的原则 332

12.3.4 处理故障时的注意事项 332

12.3.5 常见电脑故障的处理 333

最智能的"家电"——电脑

本 章 要 点

- 智能家电——电脑
- 电脑的组成
- 连接电脑硬件
- 电脑初体验
- 使用鼠标
- 使用键盘

在我国，信息技术正逐步进入家庭，2010 年全国家庭电脑普及率约为 20%，"数字家庭"、"家庭信息化"等概念进一步得以推广，越来越多的家庭都拥有了自己的电脑。电脑为家庭带来了变化，为生活增添了便利。例如，通过电脑可以得知气象信息、商品价格；可以看电影、电视和新闻；可以进行网络购物、银行理财…… 所以，学习和掌握电脑的使用是每一个现代人必备的技能，只有懂得如何使用电脑，才能使其发挥出应有的功能。

📖 1.1 智能家电——电脑

随着科学技术的发展、居民收入的不断提高以及电脑价格的不断下降，电脑进入寻常百姓家庭已经不再是梦想。在不远的将来，电脑作为最智能的"家电"，将会与电视机、洗衣机一样，成为家庭生活的必备品。

1.1.1 家庭电脑的用途

作为家庭来说，电视可以丰富我们的精神生活，如看新闻、电视剧、文艺节目等，洗衣机可以减轻我们的体力劳动，而电脑究竟能干什么呢？

这个问题真不好回答，因为没有标准答案。从理论上来说，电脑的功能可以无限扩展，只有想不到的，没有做不到的。下面，就从具体的生活角度介绍电脑的用途。

使用电脑可以写文章、记录家庭账目、与远方的朋友视频通话、看 VCD 影碟、唱卡拉 OK、炒股票、玩游戏、听音乐、查字典、上网查资料、看新闻…… 电脑的用途实在太广泛了，可以胜任可视化通信工具、多媒体视听中心、家庭老师、图书馆、游戏机等多种"角色"。所以电脑不愧为最智能的"家电"，如图 1-1 所示。

与其他家电不同，电脑的用途非常多，但是并不是说，买回来的电脑就具备这么多的功能，有的功能需要安装相应的软件才能实现。例如，写文章就必须安装 Word、WPS 等文字处理软件，处理照片就必须安装 Photoshop 等软件；而有的功能还需要硬件支持，例如，上网需要有网卡，视频聊天需要有摄像头等。

视频聊天、交友

写文章、记账目

画画、处理照片

看 VCD、听音乐

上网查资料

炒股票、买基金

打印输出

学习机、游戏机

图 1-1 最智能的家电——电脑

1.1.2 适合的就是最好的

电脑属于高科技产品，而且品牌繁多，档次不一。对于普通家庭来说，选购一台什么样的电脑才是最理想的，这是很多家庭所关心的问题。特别是不了解电脑的家庭，会有很多的疑问：

买品牌机还是买组装机？

买什么价位的电脑更合适？

是不是电脑的配置越高越好？

……

这类问题没有绝对标准的答案，只能说"适合自己的就是最好的"。下面我们给出一些选购电脑的建议。

1. 品牌上各取所需

家用电脑可以分为品牌机与组装机两大类。品牌机是由一些厂家根据市场情况设计并装配的电脑，如联想、方正、海尔等；而组装机则是由个人根据需要选择相应的配件单独装配的。两者各有优缺点，用户可以根据自己的情况进行选择。

品牌机一般由正规大公司生产，产品都经过严格的测试，品质可以保证，售后服务好，一般都是全国联保。但是品牌机也有缺点：一是价格高；二是配置不能根据用户的需要进行定制。组装机则是由普通的电脑销售公司根据个人的需要选择相应的配件单独装配的，优点是可以量身定制，价格比较实惠；缺点是售后服务不到位，有时各硬件的兼容性也会存在问题。

所以，如果用户对电脑一窍不通，建议选择品牌机，这样可以消除后顾之忧，一旦出现故障，售后有保障。如果用户具有电脑的组装与维护能力，建议选择组装机，不但省钱实惠，而且具有较高的性价比。

2．配置上实用为主

在购买电脑之前，应该清楚自己为什么要买电脑，买电脑的主要用途是什么。这样，在选购电脑时才不至于盲目从众，避免出现高配置低用途、低配置不够用的现象。

电脑硬件技术的发展日新月异，各种先进的技术不断推出，很多用户在买电脑时一味追求高端配置，其实是不可取的，因为我们永远也撵不上"最新"，即使当前是最高端配置的电脑，两三年以后也会落伍。所以，购买电脑时一定要根据自己的需要，以"实用、够用"为原则，一些不需要的功能、配件坚决不要，千万不能一味追求高档而忽视购买的用途，既浪费了资源又浪费了金钱。

3．花钱上量力而行

每一个人的经济能力是不一样的，所以在购买电脑的问题上一定要量力而行。从某种意义上来说，电脑的价格代表了电脑的档次，价格越高，电脑的档次也越高。但是从另外一个角度来说，无论是品牌机还是组装机，其核心部件 CPU 都是 Intel 或 AMD 公司的，主板、内存条等也都来自第三方厂商，差价主要体现在调试、兼容、售后、营销投入等方面。

了解了以上情况后，用户只需在品牌、配置、金钱等方面做出权衡就可以了。如果经济上宽裕，可以选择价格高一些的电脑，这样会在品牌、配置或服务上享有更多便利；如果经济上不宽裕，就以"实用、够用"为原则，花最少的钱买最合适的配置，在品牌或售后上做一些牺牲。

4．服务上力求周到

一般来说，正常操作电脑的情况下，很少会发生硬件的损坏，多是"软故障"。所以，对于有电脑维护能力的用户来说，其实完全可以忽略服务上的要求，而多注重性能与配置上的提升。

如果用户是第一次接触电脑，那么在购买电脑时一定要考虑售后服务。品牌机的售后服务一般不成问题，而组装机的服务要差一些，即使有的公司提供上门服务，往往也有次数限制。但是各硬件的质保一般没有问题。

📖 1.2   电脑的组成

一套完整的电脑系统包括硬件系统和软件系统两大部分。硬件是指可以看得见、摸得着的物理元件，它们通过一定的方式(如插口、缆线等)连接在一起，构成电脑的整体；而软件则是一些有序的电脑指令，指挥电脑硬件进行工作。电脑中的软件分为系统软件与应用软件。电脑系统的组成结构如图 1-2 所示。

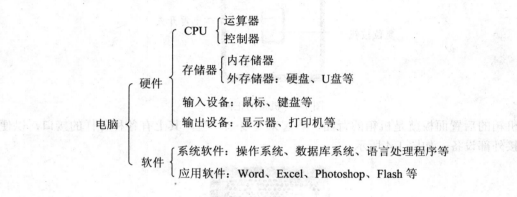

图 1-2   电脑系统的组成结构

1.2.1   电脑硬件

电脑硬件是指电脑系统所包含的各种机械的、电子的、磁性的装置和设备，是电脑的物质基础。电脑的性能主要取决于硬件的配置。为了便于用户理解，我们从外到内对各种硬件加以介绍。

1. 从外部认识电脑

从外观上来说，一台家用电脑可以分为三大部分，即主机箱、显示器、输入设备(鼠标与键盘)，当然有的还有音箱、摄像头、打印机等，但这些不属于必备硬件。

1) 主机箱

主机箱是一个金属容器，内部装有电脑的核心部件，即主板、CPU、内存、硬盘等，外部分为前置面板与后置面板。前置面板就是机箱的正面，安装有各种控制按钮、指示灯与 USB 接口等，如图 1-3 所示。机箱的品牌、型号不同，控制按钮与接口的位置也不相同。

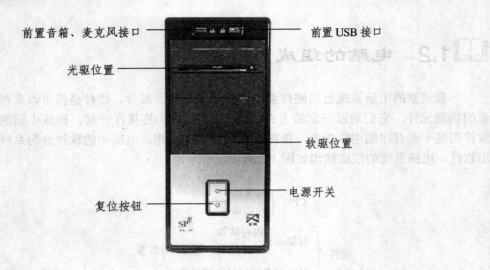

前置音箱、麦克风接口

光驱位置

软驱位置

复位按钮

电源开关

图 1-3　机箱的正面

前置 USB 接口

机箱的后置面板就是机箱的背面，看起来要复杂一些，其上有各种各样的接口，以便于连接外部设备，如图 1-4 所示。

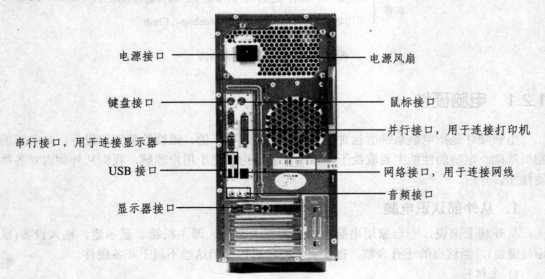

电源接口

键盘接口

串行接口，用于连接显示器

USB 接口

显示器接口

电源风扇

鼠标接口

并行接口，用于连接打印机

网络接口，用于连接网线

音频接口

图 1-4　机箱的背面

机箱后置面板中的各种接口并不是一定要全部使用，它只是为我们提供了这样的接口。若我们购买了相应的外部设备，就可以将它们连接到电脑上；若没有相应的设备，接口是闲置的。

2) 显示器

显示器是电脑不可缺少的输出设备，也是最重要的硬件之一。首先它是所有硬件中价格比较贵的，其次它的好坏直接关系到我们的用眼健康，所以选择一台物美价廉的产品是至关重要的。

目前主流的显示器为 19 英寸的液晶显示器，纯平显示器时代已经终结。就显示器的品牌而言，飞利浦、现代、三星、LG、优派等都是不错的选择。如图 1-5 所示分别为纯平显示器与液晶显示器。

图 1-5　纯平显示器与液晶显示器

3) 输入设备

鼠标与键盘是最常见的输入设备，如图 1-6 所示。鼠标用来下达命令，实现交互；键盘用于输入文字、数字和符号等信息，也可以实现交互。相对来说，鼠标与键盘都属于易耗品，不必选购价格太贵的。

图 1-6　鼠标与键盘

2. 从内部认识电脑

从外部来看，电脑的构成非常简单，但是打开机箱，可以看到里面横七竖八地排列着一些集成电路板，它们才是构成电脑硬件系统的骨干，如图 1-7 所示。一台电脑的好坏，外观是次要的，最关键的是看机箱内部各种硬件的品质。换句话说，花多少钱买一台电脑，就是由这些硬件的档次决定的，从外观上基本看不出区别。

电源

CPU 与风扇

主板

显卡

扩展插槽

光驱

电源线

内存条

硬盘

图 1-7　机箱的内部结构

下面简单介绍一下机箱里的核心硬件。

1) 主板

主板是机箱里最大的一块集成电路板，固定在机箱的一侧，如图 1-8 所示。它的作用类似于高速公路，属于基础设施，用于连接其他电脑硬件，担负着进行信息交流、保障系统稳定运行的重要责任。它的好坏直接影响整个电脑系统的稳定性。

2) CPU

CPU 就是中央处理器，它固定在主板上，打开机箱后并不能直接看到，因为它在工作时会产生大量的热，所以其上面安装了散热片与风扇。CPU 相当于人的大脑，是电脑系统的核心，是整个电脑系统的最高执行单位。CPU 外形如图 1-9 所示。

图 1-8　主板

图 1-9　CPU(正面与反面)

3) 内存

内存是插在主板上的一块又窄又长的电路板，如图 1-10 所示。它是电脑系统的主存储器，用于暂时存放电脑中正在运行的程序和数据，是外围设备与 CPU 进行沟通的桥梁。内存越大，能同时处理的信息量也越大，所以内存的性能影响电脑的稳定性，其容量大小影响电脑的运行速度。

4) 显卡

显卡也是插在主板上的一块电路板，全称为"显示器适配卡"，它的作用是将 CPU 处理的数据转换成图形、符号和颜色等信息，并输送到显示器上，是主机与显示器之间通信的桥梁。显卡外形如图 1-11 所示。

图 1-10　内存

图 1-11　显卡

5) 硬盘

硬盘并不与主板直接相连，它是存储数据的主要载体，其作用相当于"仓库"，起到存储的作用。我们安装的一切软件都存储在硬盘上。硬盘外形如图 1-12 所示。

6) 电源

电源固定在机箱的一角，它是电脑的供电设备，它的作用是将 220 V 交流电转换为可供电脑使用的直流电。其性能的好坏，直接影响到电脑的稳定性。电源外形如图 1-13 所示。

图 1-12　硬盘

图 1-13　电源

3．电脑的外围设备

所谓电脑的外围设备，是指并非运行电脑必需的设备，这些设备可有可无，完全根据用户的实际需要进行添置。

1) 光驱

光驱是组装电脑时的可选设备，没有它电脑照常运转。但是如果要播放 CD 或 DVD 光盘，就必须安装光驱。目前的光驱多为 DVD 光驱或者可读写 DVD 光驱(也称 DVD 刻录机)，后者的作用就是用来"读写光盘"的。DVD 光驱外形如图 1-14 所示。

2) 音箱

音箱是将电脑中的声音信息放大并输出的设备。如果不做专业工作，选购一对普通的音箱即可满足家庭娱乐、学习之用。音箱外形如图 1-15 所示。

图 1-14　DVD 光驱　　　　　　　　　图 1-15　音箱

3) 打印机

打印机是输出设备，用于将计算机处理的结果打印在相关介质上。最常用的介质是纸张，常用规格是 A4 与 B5。打印机分为喷墨打印机和激光打印机，喷墨打印机价格低，但墨盒较贵；激光打印机价格高，但打印速度快、精度高。打印机外形如图 1-16 所示。

4) 摄像头

摄像头是随着网络技术的发展而产生的，使用它可以进行网上视频聊天，是一种网络通信设备，可用于视频会议、远程医疗等。现在购买的家庭电脑一般都配有摄像头，其外形如图 1-17 所示。

图 1-16　打印机　　　　　　　　　图 1-17　摄像头

1.2.2 电脑软件

要使用电脑进行工作或学习，必须在电脑上安装相应的软件，软件是使电脑实现不同功能的工具。例如要用电脑编辑文章，通常需要安装 Word 或 WPS。那么，电脑上都需要安装哪些软件呢？下面，介绍电脑软件系统的构成。

电脑软件可分为系统软件与应用软件两大类。

1．系统软件

系统软件是指管理、控制和维护计算机系统资源的程序集合，这些资源包括硬件资源和软件资源。系统软件为用户提供了一个友好的操作界面和工作平台。

电脑系统是由硬件与软件组成的一个相当复杂的系统，有着丰富的软件和硬件资源，为了合理地管理这些资源，并使各种资源得到充分利用，必须有一组专门的系统软件来对各种资源进行管理，这个软件就是操作系统 OS(Operating System)。目前较为常用的操作系统有 Windows XP、Windows Vista 和 Windows 7。

2．应用软件

应用软件是指为了解决某些具体问题而编制的程序。它包括商品化的通用软件和应用软件，也包括用户自己编制的各种应用程序。作为家庭用户来说，可以安装以下应用软件。

1) 文字处理软件

这是最广泛的应用软件，用于输入、存储、修改、编辑、打印文字材料。通常情况下，家用电脑中需要安装 Microsoft Office 软件，这是一套最流行的办公软件组合，其中常用的有 Word、Excel 和 PowerPoint。

2) 图像处理软件

由于人们现在普遍都使用数码相机拍一些照片，如果需要在电脑上浏览或加工处理这些照片，则要在电脑上安装看图软件 ACDSee 与图像处理软件 Photoshop 等。

3) 常用工具软件

家庭电脑大部分都用于上网，因此电脑中还需要安装一些常用的工具软件，例如杀毒软件(瑞星、金山毒霸等)、网上聊天软件(QQ、MSN 等)、影音播放软件(暴风影音、千千静听等)。

1.2.3 硬件与软件之间的关系

硬件是构成电脑的基础，决定着电脑的性能；而软件则决定着电脑的功能。硬件与软件之间是相互依存、相互协作的关系。一台刚刚组装起来的电脑，在没有安装任何软件的情况下，是不能运行与工作的，此时的电脑称为"裸机"。要想让电脑正常运行起来，必须安装操作系统与应用软件。硬件、操作系统、应用软件以及用户数据之间的层次关系如图 1-18 所示，核心是电脑硬件，最外层是用户程序或数据。

图 1-18   硬件与软件之间的层次关系

　　用户与电脑之间的交流，必须通过将软件指令下达给硬件，控制硬件的运行来实现。硬件、软件与用户之间的关系如图 1-19 所示。

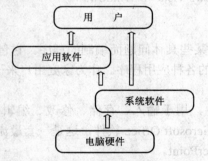

图 1-19   硬件、软件与用户之间的关系

📖 1.3   连接电脑硬件

　　购买了电脑以后，在使用前必须正确连接各组件，例如鼠标、键盘的连接，显示器与主机的连接，打印机、音箱等外围设备的连接等等，只有将这些设备正确连接起来，才能正常使用电脑。

1.3.1   连接显示器

　　显示器是最主要的输出设备，电脑的运行结果都需要通过显示器显示出来。目前的显示器主要是液晶显示器。将其平放以后，可以看到其后侧有三个接口，其中一个是电源接口，另外两个是数据线接口，分别为 VGA 接口和 DVI 接口，如图 1-20 所示。连接电脑时只使用一个数据线接口即可。

电源接口　　　　　　　VGA 接口　　　DVI 接口

图 1-20　显示器的接口

目前，大多数显示器都使用 VGA 数据线与电脑相连，VGA 数据线的两个接口是完全一样的，如图 1-21 所示；而显示器的电源线采用与 ATX 电源相同的接口，很容易辨别，如图 1-22 所示。

图 1-21　VGA 数据线　　　　　　　　　图 1-22　电源线

在进行连接的时候，首先将 VGA 数据线的任意一端接在显示器后面的 VGA 接口上并拧紧螺丝，然后把电源线插入到显示器的电源接口上，如图 1-23 所示；这时，VGA 数据线的另一端要接在主机箱后置面板的显卡的接口上，如图 1-24 所示，而电源线将来在开机时直接插入插座中。

图 1-23　显示器端的连接　　　　　　　图 1-24　主机端的连接

1.3.2 连接鼠标和键盘

　　鼠标与键盘是电脑主要的输入设备，必须正确连接才能使用。通常情况下，鼠标与键盘提供的是 PS/2 插头。在主机箱的后置面板上找到鼠标与键盘的 PS/2 接口后，正确接入即可，如图 1-25 所示分别为 PS/2 插头与 PS/2 接口。

图 1-25　PS/2 插头与 PS/2 接口

　　一般情况下，鼠标接口为绿色，键盘接口为蓝紫色。另外，机箱的挡板上也会有鼠标与键盘的标识，靠近外侧的接口为键盘接口，靠近内侧的接口为鼠标接口。要注意，键盘与鼠标的接口是有方向性的，必须将针脚与插孔对齐后才能插入。

　　如果鼠标与键盘是 USB 插头，如图 1-26 所示，则把 USB 插头插到主机的任意一个 USB 接口上即可。

图 1-26　USB 插头与接口

1.3.3 连接音箱

　　目前的电脑音箱多为 2.1 组合的有源(即有单独的电源)音箱，即由一只低音音箱和两只左右声道音箱组成。音箱的数据线有两种类型，一种是两端均为 $\phi 3.5$ mm 的 3 芯音频接口的数据线，如图 1-27 所示；另一种是一端为 $\phi 3.5$ mm 的 3 芯音频接口，另一端为 RCA 接口，如图 1-28 所示。

图 1-27 两端相同的音频线

图 1-28 一端为 RCA 接口的音频线

左右声道音箱的连接方式则更多,有的一端直接接到音箱内部,另一端为 RCA 接口或 ϕ 3.5 mm 的 3 芯音频接口;还有的使用接线柱或接线夹进行连接,如图 1-29 所示。

图 1-29 接线柱与接线夹

对于 2.1 组合的音箱,首先要将两个左右声道音箱与低音音箱连接,然后再将低音音箱与电脑连接,如图 1-30 所示。

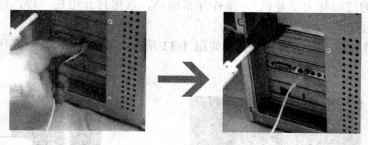

图 1-30 将音箱接入电脑

1.3.4 连接主机电源

一般地,机箱电源采用梯形接口,在连接完其他硬件之后,需要为其接上交流电,以便为机箱内的硬件供电。

主机的电源线与显示器的电源线是一样的，准备好电源线以后，将电源线的梯形插头插入机箱背面的电源接口，如图 1-31 所示。

图 1-31　连接主机电源

当将显示器、音箱与主机正确连接以后，还需要将主机、显示器与音箱的电源线插到电源插座上。

1.4　电脑初体验

连接完电脑以后，就可以使用电脑了。与其他家用电器一样，我们只要打开电源开关，然后稍等片刻，电脑就进入了待机状态。

1.4.1　启动电脑

启动电脑的过程称为"开机"，操作非常简单，就像打开电视一样，但是一定要按照如下的顺序进行操作。

步骤 1：首先按下显示器的开关，如图 1-32 所示，然后再按下主机开关，如图 1-33 所示。

1. 按下显示器的开关

图 1-32　开显示器

2. 按下主机开关

图 1-33　开主机

步骤 2：开机后，系统进入自检画面，如图 1-34 所示，这个画面持续时间比较短。

步骤 3：自检完成后，系统进入了 Windows XP 启动画面，这个画面的持续时间略长一些，如图 1-35 所示。

图 1-34　自检画面　　　　　　　　　图 1-35　Windows XP 启动画面

重点提示　　也许有人会问，为什么我的电脑与别人的电脑启动画面不同，这是因为电脑所安装的操作系统不同，如图 1-36 所示为 Windows Vista 启动画面。

步骤 4：启动画面消失以后，则进入 Windows 桌面，从而完成了电脑的启动，如图 1-37 所示。

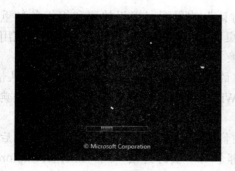

图 1-36　Windows Vista 启动画面　　　　图 1-37　Windows XP 桌面

重点提示　　电脑的"开机"操作非常简单，只需要按下显示器开关与主机开关即可，其他步骤均由电脑自动完成，用户只需要等待即可。判断电脑是否启动完毕，一看主机箱的指示灯是否闪烁，二看屏幕上的画面是否静止。

1.4.2 认识 Windows XP 桌面

启动电脑后会看到一个漂亮的界面，这个界面就称为"Windows 桌面"，此时表示电脑一切准备就绪，等待用户下达命令。Windows 桌面由一个非常漂亮的背景与很多小图标构成，最下方还有一个矩形条，它们都有自己特有的名称，如图 1-38 所示。

图 1-38 桌面及组成部分

Windows 桌面是人与电脑进行"人机对话"的界面，用于放置和组织各种重要的工具，并且以图标的形式显示。每个人的电脑桌面可能是不一样的，因为安装的应用程序不一样，图标就不一样，并且桌面背景可以更换。

➘ **桌面背景**：是指衬托在桌面图标下方的图片，可以随意更换与设置。默认情

➘ 况下，启动电脑以后，桌面背景是 Windows XP 操作系统内置的一张经典的"蓝天白云"图片。

➘ **系统图标**：操作系统内置的图标，它们是安装 Windows XP 操作系统以后自动生成的，包括"我的电脑"、"回收站"、"网上邻居"、"我的文档"和"Internet Explorer"。

➘ **快捷方式图标**：安装应用程序时产生的图标。每个人的电脑中安装的应用程序不同，快捷方式图标也不同。

重点提示　桌面上的图标分为系统图标与快捷方式图标：图标的左下角有小箭头符号的为快捷方式图标；没有小箭头符号的为系统图标。图标的外观代表了它的身份，双击它可以打开相对应的程序、窗口或文档等。

➦ **"开始"按钮**：桌面左下角的按钮，单击它将弹出一个菜单，称为【开始】菜单。它是我们执行任务的一个入口，通过它可以打开文档、启动应用程序、关闭系统、搜索文件等。

➦ **任务栏**：桌面最下方的矩形条，主要用于显示正在运行的应用程序与打开的
➦ **窗口**。

1.4.3　关闭电脑

使用完电脑以后需要将其关闭，这一过程称为"关机"。电脑关机时不能直接断开电源。正确的关机顺序是先关主机，再关其他外围设备，与开机顺序恰好相反。关机分为正常关机与强行关机。

1．正常关机

正常关机有两种方法，第一种方法是通过"开始"按钮进行关机操作。具体操作过程如下：

步骤 1：关闭所有的程序窗口，返回到 Windows 桌面。

步骤 2：单击 开始 按钮，在打开的【开始】菜单中单击 关闭计算机(U) 按钮，如图 1-39 所示。

步骤 3：在弹出的【关闭计算机】对话框中单击"关闭"按钮⓪，如图 1-40 所示，这样就可以安全地关机了。

步骤 4：等待主机指示灯熄灭后，关闭显示器开关及其他外围设备，最后切断电源即可。

图 1-39　关闭计算机的操作　　　　　　图 1-40　【关闭计算机】对话框

重点提示　关机时要注意两种不好的习惯：一是只关闭了显示器而没有关闭电脑主机，这时电脑仍然在工作，只是看不到而已；二是正确关机以后不切断电源，这也是非常不好的习惯，因为电脑仍处于通电状态，会影响电路板的寿命，"也不利于防雷击"。

第二种关机的方法是通过【任务管理器】窗口进行关机操作，具体操作过程如下：

步骤 1：在 Windows 桌面下方的任务栏上单击鼠标右键，在弹出的快捷菜单中选择【任务管理器】命令，如图 1-41 所示。

步骤 2：在打开的【任务管理器】窗口中单击【关机】菜单，选择其中的【关闭】命令，如图 1-42 所示。

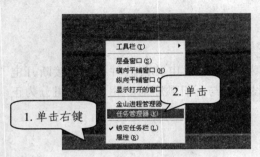
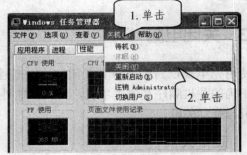

图 1-41　关闭计算机的操作　　　　　　　图 1-42　执行【关闭】命令

2．强行关机

有些时候电脑会出现"罢工"状态(如死机)，通过正常关机操作无法关闭电脑，这时不得不强行关机。

强行关机的操作方法为：持续按住主机的电源开关，几秒钟后主机便会强行切断电源，关闭电脑。

强行关机是不得已而为之，不出现死机状态尽量不要这样操作，因为这种操作会导致数据丢失，严重时会导致系统瘫痪。

📖 1.5　使用鼠标

鼠标是最常用的输入设备之一，结构简单，易于操作，但是初学者必须多加练习，才能熟练地使用它。

1.5.1　鼠标的结构

选择鼠标时一定要选择适合自己的，鼠标太小或太大都会导致手指太累。目前市场上的鼠标多为三键鼠标(这是针对以前的两键鼠标而言的)，如图 1-43 所示，即有左右两个键和中间一个滚轮组成。

➷ **左键**：左键是主要操作键，一般分为单击与双击两种操作。
➷ **右键**：右键是辅助键，按下右键会弹出一个快捷菜单。
➷ **滚轮**：在浏览网页或查看文档时，通过滚轮可以上、下翻页。
➷

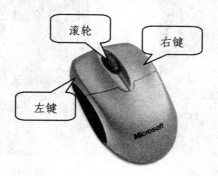

图 1-43　鼠标

1.5.2　怎样握鼠标

　　正确握鼠标的姿势是：用右手自然地握住鼠标，掌跟轻抚于桌面，拇指放在鼠标的左侧，无名指和小指放在鼠标的右侧，轻轻夹持住鼠标，食指和中指分别放在鼠标左、右两个按键上，如图 1-44 所示。操作时食指控制左键与滚轮，中指控制右键；移动鼠标时，手掌跟不动，靠腕力轻移鼠标。

图 1-44　正确握鼠标的姿势

1.5.3　鼠标的基本操作

　　鼠标用于控制电脑屏幕上的鼠标指针，实现人机交互操作。鼠标的基本操作有指向、拖动、单击、双击、右击。下面分别介绍这些基本操作。

1．指向

　　指向是指不对鼠标的左、右键作任何操作，只移动鼠标的位置，这时可以看到光标在屏幕上移动。指向主要用于寻找或接近操作对象。当指向一个对象时，往往会出现一个提示信息，如图 1-45 所示。

2．拖动

　　拖动是指将光标指向某个对象以后，按下鼠标左键不放，然后移动鼠标，将该对象移动到另一个位置，然后再释放鼠标左键。拖动主要用于移动对象的位置、选择多个对象等操作。拖动对象时会出现淡淡的虚影，提示拖动的位置，如图 1-46 所示。

图 1-45　指向一个对象

图 1-46　拖动对象

3．单击

单击是指快速地按下并释放鼠标左键。如果不作特殊说明，单击就是指按下鼠标的左键。单击是最为常用的操作方法，主要用于选择一个文件、执行一个命令、按下一个工具按钮等。如图 1-47 所示为单击一个按钮。

4．双击

双击是指连续两次快速地按下并释放鼠标左键。双击主要用于打开一个窗口、启动一个软件，或者打开一个文件。如图 1-48 所示为双击"我的电脑"图标。

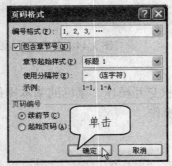

图 1-47　单击一个按钮

图 1-48　双击"我的电脑"图标

重点提示

鼠标的操作虽然简单，但对于初学者而言必须多加练习。例如，对于双击操作，如果双击鼠标的时间间隔过长，则系统会认为是两次单击，这样就得不到预期的结果，因为这是两种截然不同的操作。

5．右击

右击(也叫单击右键或右单击)是指快速地按下并释放鼠标右键。在 Windows 操作系统中，右击的主要作用是打开快捷菜单，执行其中的相关命令。该菜单中的命令随着工作环境、右击位置的不同而发生变化。如图 1-49 所示的两图分别是在"网上邻居"和"回收站"图标上单击鼠标右键时出现的快捷菜单。

图 1-49　在不同的位置右击时出现的快捷菜单

1.5.4　认识鼠标指针

鼠标指针也称为光标，是指鼠标在屏幕上的显示对象。鼠标指针的形状有多种，不同形状的鼠标指针其含义也不同，如表 1-1 所示。

表 1-1　鼠标指针的含义

鼠标指针形状	含　义
↖	正常选择，可以用来选择命令、单击按钮
↖?	帮助信息的选择
↖⧖	表示后台正在运行，处于忙碌状态
⧖	表示系统正在工作，不能使用鼠标
＋	精确选择，多用于绘图时进行定位
I	文字选择
↘	手写
↔ ↕ ↖ ↗	可以沿水平、垂直或对角线方向调整窗口大小
⊘	不可用
✛	可以移动所选择的对象
☝	链接选择

📖 1.6 使用键盘

键盘是用户与电脑进行人机交互的重要途径，主要用于向电脑中输入各种信息或指令，让电脑按照用户的意向工作。作为电脑的重要输入设备之一，键盘的操作十分重要，直接影响用户的工作效率。

1.6.1 键盘的分区

常见的电脑键盘有 101 键、102 键和 104 键之分，但是各种键盘的键位分布是大同小异的。按照键的排列可以将键盘分为五个区域：功能键区、主键盘区、编辑键区、数字键区(也称数字小键盘)和状态指示区，如图 1-50 所示。

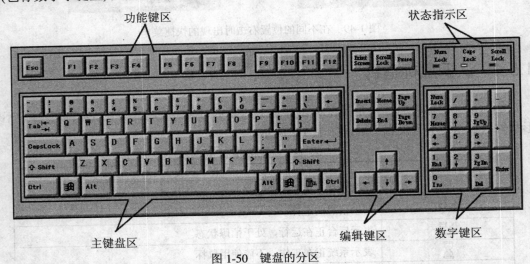

图 1-50　键盘的分区

(1) 功能键区：在键盘的最上一排，主要包括 Esc 键和 F1～F12 等 13 个功能键，其作用是完成某些特殊功能的操作。用户可以根据自己的需要来自定义它们的功能。在不同的应用程序中，各功能键的作用会有所不同。

(2) 主键盘区：位于功能键区的正下方，是整个键盘的主要组成部分，也是最常用的部分。其主要作用是输入汉字、英文、符号、数据和操作命令等。主键盘区由数字键"0～9"、英文字母键"A～Z"、符号键和控制键组成。主键盘区的键位排列方式沿用了打字机键盘的排列方式，如图 1-51 所示。

图 1-51　主键盘区各键位的分布

主键盘的使用方法如下：

➘ **字母键：** 按下任何一个字母键，可以输入相应的英文小写字母，而按住 Shift 键以后再按下字母键，则可以输入英文大写字母。

➘ **数字键：** 位于主键盘区的最上一排，但它们均为双字符键，即键面上除了数字以外还有符号。直接按下数字键则输入相应的数字，按住 Shift 键以后再按下数字键，则输入符号。

➘ **Enter 键：** 也叫回车键，将数据或命令送入电脑时即按此键。

➘ **空格键：** 是键盘中最长的键，由于使用频繁，所以它的形状和位置左右手都很容易控制。主要用于输入空格，向右移动光标。

➘ **退格键：** 有的键盘用"←"表示，有的键盘用"BackSpace"表示。按下它可使光标后退一格，删除当前光标左侧的一个字符。

➘ **Tab 键：** 制表定位键，一般按下此键可使光标移动 8 个字符的距离。

➘ **Caps Lock 键：** 大小写锁定键，按下该键可以在英文的大、小写字母之间切换。

➘ **Win 键：** 该键的键面上有一个 Windows 图案 ，按下该键可以打开【开始】菜单。

➘ **Ctrl 键：** 也叫控制键。该键一般不单独使用，通常和其他键组合使用，例如 Ctrl+S 表示保存。

➘ **Shift 键：** 也叫上档键。由于整个键盘上有 30 个双字符键(即每个键面上标有两个字符)，并且英文字母还分大小写，因此通过该键可以切换。

➘ **Alt 键：** 与其他键组合成特殊功能键。

➘ **快捷菜单键：** 该键位于主键盘区右下角，键面上有一个光标图案 ，按下该键将出现相应的快捷菜单，其功能相当于单击鼠标右键。

(3) 编辑键区：位于主键盘区的右侧，主要由方向键和页面操作键组成，如图 1-52 所示。各键的功能如下：

图 1-52　编辑键区

➲ **Print Screen 键**：打印屏幕键。把当前屏幕显示的内容复制到剪贴板中或打印出来。

➲ **Scroll Lock 键**：滚动锁定键。在一些软件的使用过程中，按下此键可以锁定光标而滚动页面。

➲ **Pause 键**：按下该键可以让屏幕暂停显示；按下 **Ctrl+Pause** 键，可以强行中止程序的运行。

➲ **Insert 键**：插入键。按下该键可以在插入状态与改写状态之间转换。

➲ **Delete 键**：删除键。按下该键可以删除光标后面的一个字符。

➲ **Home/End 键**：按下该键可以将光标快速地移动到行首(或行末)。

➲ **PageUp/ PageDown 键**：按下该键可以向上(或向下)翻一页。

➲ **方向键**：用箭头↑、↓、←、→表示，按下它们可以向上、下、左、右移动光标。

(4) 数字键区：安排在整个键盘的右部。它原来是为专门从事数字录入的工作人员提供方便的，主要用于输入数字与算术符号，如图 1-53 所示。

数字键区左上角的 Num Lock 键用于开启与关闭数字键功能。按下该键，如果状态指示区中的"Num Lock"灯亮，代表开启数字键功能，这时可以利用它输入数字。如果状态指示区中的"Num Lock"灯不亮，代表关闭数字键功能，这时可以利用它进行翻页操作。

图 1-53　数字键区

(5) 状态指示区：用于指示键盘的工作状态，共有 3 个状态指示灯，分别为 Num Lock、Caps Lock、Scroll Lock。灯亮时，代表开启了相应的功能。

1.6.2　正确的坐姿

在使用电脑时，要保证正确的坐姿，这样不仅可以大大提高工作效率，同时也有利于我们的身体健康。

操作键盘时，要选择合适高度的座椅，不能太高，也不能太低，要保持双脚平踏地面，如图 1-54 所示。

坐下后要保持头正、颈直、身体挺直，眼睛要平视屏幕，眼睛与屏幕之间要保持 45 厘米以上的距离。同时双肩放松，自然下垂，两肘与身体保持 5～10 厘米的距离，两肘关节接近垂直弯曲，双手敲打键盘时手腕与键盘下方保持约 1 厘米的距离。

图 1-54　正确的坐姿

1.6.3　手指分工

　　键盘上的 $\boxed{F}$ 和 $\boxed{J}$ 键上各有一个突起的小横条，这两键称为"基键"，也就是盲打时的盲点。操作键盘时，左手的食指放在 $\boxed{F}$ 键上，中指、无名指和小指依次向左排列，分别放在 $\boxed{D}$、$\boxed{S}$、$\boxed{A}$ 键上；右手的食指放在 $\boxed{J}$ 键上，中指、无名指和小指依次向右排列，分别放在 $\boxed{K}$、$\boxed{L}$、$\boxed{;}$ 键上；双手的拇指分别放在空格键上，如图 1-55 所示。

图 1-55　手的姿势与分工

　　明确了手指的放置位置后，还要了解十个手指的分工区域，如图 1-56 所示。

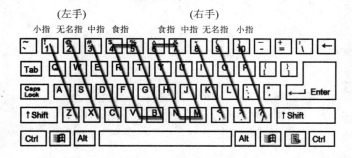

图 1-56　十指的分工区域

1.6.4　正确的击键方法

　　使用键盘的关键是正确的指法，掌握了正确的指法，养成了良好的习惯，才能真正提高键盘输入速度，成为人人羡慕的盲打高手，即眼睛不看键盘，手指快速、准确地在键盘上"飞舞"，根本不需要去思考哪个手指应该按下哪个键。当然，要成为盲打高手，需要平时多练习，短时间的练习是达不到这个境界的。

正确的击键方法如下：

第一，十指要分工明确，各负其责。双手各指严格按照明确的分工轻放在键盘上，大拇指自然弯曲放于空格键处，用大拇指击空格键。

第二，平时手指稍弯曲拱起，手指稍斜垂直放在键盘上。指尖后的第一关节微成弧形，轻放键位中央。

第三，要轻击键而不是按键。击键要短促、轻快、有弹性、节奏均匀。任一手指击键后，只要时间允许都应返回基本键位。不可停留在已击键位上。

第四，用拇指侧面击空格键，右手小指击回车键。

第2章

揭开 Windows XP 的神秘面纱

本章要点

- 从 Windows 桌面开始
- 【开始】菜单
- 关于任务栏
- 窗口的操作
- 关于菜单
- 认识对话框

对于一个从没有接触过电脑的家庭来说，面对电脑会有一些陌生或困惑，感到无从下手，一片茫然。其实这是很正常的，随着我们对电脑的深入了解与认识，一切问题会迎刃而解。通过前面一章的学习，我们已经解决了很多电脑方面的疑惑，例如，电脑的组成、各部分硬件的作用、如何选购电脑、开机与关机操作、鼠标与键盘的使用等。本章将学习与 Windows XP 系统有关的概念与操作。

2.1　从 Windows 桌面开始

在第 1 章中，我们已经对 Windows 桌面有了一个初步的认识，启动电脑后出现的"蓝天白云"画面称为 Windows 桌面。在理解"桌面"概念时，可以将它与平时的办公桌进行联想对比，桌面相当于办公桌的台面，图标相当于办公桌上的电话、便笺等，回收站相当于办公桌旁的垃圾筐。

2.1.1　认识桌面上的图标

桌面上的图标分为系统图标与快捷方式图标。不同的电脑，桌面上的图标可能是不同的，但是系统图标都是相同的。下面以列表的形式对各个图标进行介绍，如表 2-1 所示。

表 2-1　系统图标的作用

图　标	作　用
我的文档	"我的文档"相当于生活中的公文包，它是 Windows 默认放置文件的地方，用户在保存文件时，系统会将文件自动保存在这里
我的电脑	任何一台电脑都有"我的电脑"图标，双击该图标可以打开【我的电脑】窗口，通过该窗口可以查看并管理相关的电脑资源，如打印机、驱动器、网络连接、共享文档以及控制面板等
网上邻居	如果电脑已经接入了局域网，双击"网上邻居"图标，在打开的窗口中可以看到网络中的可用资源，包括所能访问的服务器
回收站	"回收站"用于暂时存放被删除的文件，这些文件在真正被删除之前，还可以被恢复
Internet Explorer	双击 Internet Explorer 图标可以启动 IE 浏览器，通过它访问 Internet 资源，并且可以设置浏览器的相关参数

除了上面介绍的图标以外，在桌面上还有一些图标，其左下角有一个箭头，这一类图标称为快捷方式图标。不同电脑桌面上的快捷方式图标是不同的。快捷方式图标记录了它所指向的对象路径，可以说它是一个指针，直接指向相应的文件或对象。

2.1.2　找回系统图标

刚刚安装的 Windows XP 系统的桌面上是空荡荡的，只有一个"回收站"图标，并没有"我的电脑"、"网上邻居"等图标。实际上，我们可以根据自己的喜好控制系统图标的显示与隐藏，具体操作方法如下：

步骤 1：在桌面上单击鼠标右键，在弹出的快捷菜单中选择【属性】命令。

步骤 2：在弹出的【显示　属性】对话框中单击【桌面】选项卡，然后再单击 自定义桌面(D)... 按钮，如图 2-1 所示。

步骤 3：在弹出的【桌面项目】对话框中勾选各复选框，然后单击 确定 按钮，如图 2-2 所示。

图 2-1　【显示　属性】对话框　　　　图 2-2　【桌面项目】对话框

步骤 4：返回到【显示　属性】对话框，再单击 确定 按钮，则桌面上出现了"我的文档"、"我的电脑"、"网上邻居"等系统图标。

2.1.3　移动桌面图标

桌面图标的位置是可以改变的，例如，将"回收站"图标从左侧移动到桌面的右下角，可以按照如下步骤进行操作：

步骤 1：将光标指向"回收站"图标，如图 2-3 所示。

步骤 2：按住鼠标左键，向桌面的右下角拖动鼠标，这时可以看到淡淡的虚影随着光标移动。

步骤 3：当看到"回收站"图标的虚影到达桌面右下角时，释放鼠标，则完成了图标的移动。这里可以看到"回收站"图标移动到了桌面的右下角，原位置的图标不见了，如图 2-4 所示。

图 2-3　指向"回收站"图标

图 2-4　移动到了右下角

如果桌面图标的排列方式为"自动排列"，则用户无法移动图标的位置，当将一个图标拖动到另一个位置并释放鼠标后，该图标将自动返回到原位置。排列图标的方式详见下一节。

重点提示

2.1.4　排列桌面图标

当桌面上的图标太多时，往往会产生凌乱的感觉，这时需要对它进行重新排列，方法非常简单。具体操作步骤如下：

步骤 1：在桌面上的空白位置处单击鼠标右键。

步骤 2：在弹出的快捷菜单中指向【排列图标】命令，则弹出下一级子菜单。

步骤 3：在子菜单中选择【名称】命令，可以按照图标的名称重新排列，如图 2-5 所示。

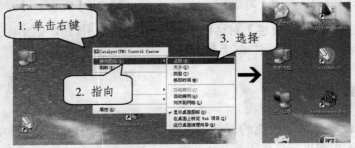
图 2-5　排列图标示意图

在【排列图标】子菜单中提供了多种排列方式，用户可以根据需要选择不同的排列方式。几个常用命令的作用如下：

➷ **名称**：选择该命令，将按桌面图标名称的字母顺序排列图标。

➷ **大小**：选择该命令，将按文件大小顺序排列图标。如果图标是某个程序的快捷方式图标，则文件大小指的是快捷方式文件的大小。

➷ **类型**：选择该命令，将按桌面图标的类型顺序排列图标。例如，桌面上有几个 Photoshop 图标，它们将排列在一起。

➷ **修改时间**：选择该命令，将按快捷方式最后的修改时间排列图标。

➷ **自动排列**：选择该命令，图标将自动从左向右以列的形式排列。

➷ **对齐到网格**：屏幕上有不可视的网格，选择该命令，可以将图标固定在指定的网格位置上，使图标相互对齐。

➷ **显示桌面图标**：选择该命令，桌面上将显示图标；否则看不到桌面图标。

2.1.5　改变桌面图标大小

桌面图标的大小是可以改变的。特别是对老年人来说，如果图标过小，操作起来不是很方便，这时可以将桌面图标设置为大图标。具体操作方法如下：

步骤 1：在桌面的空白位置处单击鼠标右键，在弹出的快捷菜单中选择【属性】命令，在弹出的【显示 属性】对话框中单击【外观】选项卡，如图 2-6 所示。

步骤 2：在【外观】选项卡中单击 效果(E)... 按钮，在弹出的【效果】对话框中选择【使用大图标】复选框，如图 2-7 所示。

图 2-6　切换到【外观】选项卡

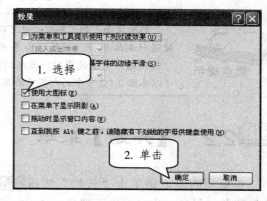

图 2-7　选择【使用大图标】复选框

步骤 3：依次单击 确定 按钮关闭对话框，则桌面上的图标将变为大图标显示。

2.1.6 删除桌面图标

当电脑中安装的程序比较多时，桌面上的快捷方式图标也会越来越多，对于一些没有用的或不经常使用的快捷方式图标，可以将其删除。删除快捷方式图标的具体操作方法如下：

步骤 1：将光标指向要删除的图标，单击鼠标右键，在弹出的快捷菜单中选择【删除】命令，如图 2-8 所示。

图 2-8 执行【删除】命令

步骤 2：在弹出的【确认快捷方式删除】对话框中单击 删除快捷方式(D) 按钮，即可删除快捷方式图标，如图 2-9 所示。

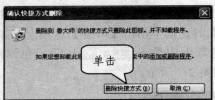

图 2-9 【确认快捷方式删除】对话框

重点提示

删除桌面上的图标时，也可以在选择图标以后直接按下键盘上的 Delete 键进行删除操作。另外，如果删除的是"我的电脑"、"网上邻居"或"回收站"等系统图标，出现的对话框会略有不同。删除系统图标以后，可以参照 2.1.2 节中的内容重新显示它们。

2.2 【开始】菜单

在桌面的左下角单击"开始"按钮 开始 ，将弹出一个菜单，这个菜单称为【开始】菜单，另外，也可以按下键盘中的 Win 键打开【开始】菜单，如图 2-10 所示。

图 2-10 　【开始】菜单

2.2.1 菜单功能介绍

【开始】菜单是执行任务的一个入口，通过它可以打开文档、启动应用程序、关闭计算机、搜索文件等。具体功能描述如下：

➤ **启动程序**：通过【开始】菜单中的【所有程序】命令，可以启动安装在电脑中的所有应用程序。

➤ **打开窗口**：通过【开始】菜单可以打开常用的工作窗口，如"我的电脑"、"我的文档"和"图片收藏"等。

➤ **搜索功能**：通过【开始】菜单中的【搜索】命令，可以对电脑中的文件、文件夹或应用程序进行搜索。

➤ **管理电脑**：通过【开始】菜单中的控制面板、管理工具、实用程序可以对电脑进行设置与维护，如个性化设置、备份、整理碎片等。

➤ **关机功能**：电脑关机必须通过【开始】菜单进行操作，另外还可以重启、待机、注销用户等。

➤ **帮助信息**：通过【开始】菜单可以获取相关的帮助信息。

重点提示　　Windows XP 的【开始】菜单分为左右两列，默认情况下，左侧一列显示两个上网工具(Internet Explorer 与 Outlook Express)与最近操作过的 4 种应用程序。这些内容可以进行个性化设置。

2.2.2 经典【开始】菜单

经典【开始】菜单只有一列，它是针对 Windows 2000 或 Windows 98 系统而言的，因为在 Windows XP 推出以前，人们主要使用 Windows 2000 或 Windows 98 操作系统。为了照顾老用户的习惯，Windows XP 增设了这一功能，允许用户将【开始】菜单设置为 Windows 2000 或 Windows 98 的表现形式。

步骤 1：在桌面左下角的 ![开始] 按钮上单击鼠标右键，在弹出的快捷菜单中选择【属性】命令。

步骤 2：在弹出的【任务栏和「开始」菜单属性】对话框中单击【「开始」菜单】选项卡，然后选择【经典「开始」菜单】选项，如图 2-11 所示。

步骤 3：单击 确定 按钮返回桌面。单击 ![开始] 按钮，可以看到【开始】菜单变成了以前的老面孔，如图 2-12 所示。

图 2-11　选择经典「开始」菜单　　　　　图 2-12　Windows 经典【开始】菜单

2.2.3 启动应用程序

当我们使用电脑工作时，首先应该启动相应的应用程序。例如，我们需要写一篇文章，可以启动 Word 程序；如果想画一幅儿童画，可以启动"画图"程序；如果要练习打字，可以启动"记事本"程序。

对于初学者来说，应该如何启动一个应用程序呢？当然，【开始】菜单是最好的选择，它是一切工作的入口。单击 **开始** 按钮可以打开【开始】菜单，将光标指向【所有程序】选项，则打开其子菜单，这时会出现已经在电脑中安装的所有应用程序的快捷方式，单击要启动的应用程序即可。例如单击"千千静听"，如图 2-13 所示，则启动了"千千静听"音乐播放程序，如图 2-14 所示。

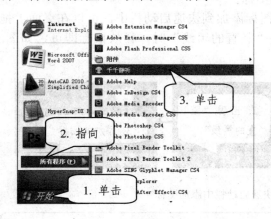

　图 2-13　单击要启动的应用程序　　　　图 2-14　已启动的"千千静听"程序

📖 2.3　关于任务栏

桌面最下方的矩形条称为"任务栏"，它是桌面的重要组成部分，用于显示正在运行的应用程序或打开的窗口，同时还负责完成窗口切换、输入法切换、系统时间显示、快速启动程序等功能。

2.3.1　任务栏的组成

顾名思义，任务栏就是用于执行或显示任务的"专栏"，它是一个矩形条，左侧是"快速启动栏"，中间是任务栏主体部分，右侧是"语言栏"与"系统区域"，如图 2-15 所示。

图 2-15　任务栏的组成

1. 快速启动栏

它是 Windows XP 的一大特点，其中提供了桌面功能与应用程序图标。单击某程序的图标，可以快速启动相应的程序。当程序图标太多时，会自动隐藏部分图标，并在右侧显示 » 按钮，单击该按钮，可以显示隐藏的图标。

如果要将一个经常使用的应用程序图标添加到快速启动栏中，可以在桌面上拖动快捷方式图标到快速启动栏，当看到一条"竖直的黑线"时，释放鼠标即可，如图 2-16 所示。

图 2-16 向快速启动栏中添加图标

相对于使用【开始】菜单、快捷方式图标来启动应用程序，使用快速启动栏的工作效率要高一些，因为使用它单击鼠标即可完成启动操作。把常用程序的图标添加到这里，能够为工作提供许多方便。

2. 任务栏主体

任务栏主体显示了正在执行的任务。当不打开窗口或程序时，它是一个蓝色条。如果打开了窗口或程序，任务栏的主体部分将出现一个个按钮，分别代表已打开的不同窗口或程序，单击这些按钮，可以在打开的窗口之间切换，就像切换电视频道一样方便。

3. 语言栏

语言栏位于系统区域的左侧，用于显示当前使用的输入法状态，也可以通过它来切换输入法。它有两种显示状态，一种是悬浮的工具条状态，一种是出现在状态栏中，如图 2-17 所示。

图 2-17 语言栏的两种状态

要在两种状态之间进行切换也非常容易。当语言栏为工具条状态时，单击右上角的"最小化"按钮，可以将语言栏最小化至状态栏中；反之，单击"还原"按钮，则语言栏恢复为工具条状态，如图 2-18 所示。

图 2-18　两种状态的切换

4．系统区域

任务栏的最右侧是"系统区域"，这里显示了系统时间、声音控制图标、网络连接状态图标等。一些应用程序最小化以后，其图标也会出现在这个位置上。

2.3.2　调整任务栏的大小

默认情况下，任务栏是被锁定的，即不可以随意调整任务栏。但是，取消任务栏的锁定之后，用户可以对任务栏进行适当的调整。例如，可以改变任务栏的宽度，具体操作步骤如下：

步骤 1：在任务栏的空白位置处单击鼠标右键，在弹出的快捷菜单中选择【锁定任务栏】命令，取消锁定状态，如图 2-19 所示。

步骤 2：将光标指向任务栏的上方，当光标变为 ↕ 形状时向上拖动鼠标，可以拉宽任务栏，如图 2-20 所示。

步骤 3：如果任务栏过高，可以再次将光标指向任务栏的上方，当光标变为 ↕ 形状时向下拖动鼠标，将任务栏压低，如图 2-21 所示。

图 2-19　取消锁定状态　　　　图 2-20　拉高任务栏　　　　图 2-21　压低任务栏

2.3.3 改变任务栏的位置

任务栏的位置也不是一成不变的，用户可以将任务栏调整到桌面的上方、左侧或右侧。例如要将任务栏调整到桌面的右侧，可以按如下方法操作：

步骤 1：确认已经取消任务栏的锁定。

步骤 2：将光标指向任务栏的空白位置处，按住鼠标左键将其向右上方拖动，如图 2-22 所示，当看到出现一个虚框时释放鼠标，则任务栏将位于桌面的右侧，如图 2-23 所示。用同样的方法，可以将任务栏调整到桌面的其他位置。

图 2-22　拖动任务栏　　　　　　　图 2-23　桌面右侧的任务栏

步骤 3：在任务栏的空白位置处单击鼠标右键，在弹出的快捷菜单中选择【锁定任务栏】命令，可以将改变后的任务栏锁定。

重点提示　　虽然 Windows XP 的任务栏可以调整，但是不建议随意修改它，因为它的默认宽度与位置是最理想的，符合绝大多数人的工作习惯。

2.3.4 设置任务栏外观

除了可以设置任务栏的宽度与位置外，用户还可以设置任务栏的外观，例如自动隐藏、锁定、显示快速启动栏等。设置任务栏外观的操作步骤如下：

步骤 1：在任务栏的空白位置处单击鼠标右键，在弹出的快捷菜单中选择【属性】命令。

步骤 2：在弹出的【任务栏和「开始」菜单属性】对话框中单击【任务栏】选项卡，在【任务栏外观】选项组中根据需要勾选各个复选框，如图 2-24 所示。

图 2-24　设置任务栏的外观

下面介绍一下各个复选框的作用：

➜　**锁定任务栏**：选择它，可以锁定任务栏，不允许更改，它与快捷菜单中的【锁定任务栏】命令等效。

➜　**自动隐藏任务栏**：选择它，任务栏是隐藏的，当光标滑向任务栏的位置时，任务栏才出现。

➜　**将任务栏保持在其他窗口的前端**：选择它，可以确保任务栏始终位于最前方，避免其他窗口将其遮住。

➜　**分组相似任务栏按钮**：选择它，正在运行的相似任务会合并在一个按钮中显示，否则都以独立的按钮显示在任务栏上。

➜　**显示快速启动**：选择它，任务栏的前端将出现快速启动栏，反之则不显示快速启动栏。

步骤 3：单击[　确定　]按钮返回桌面，完成任务栏外观的设置。

📖 2.4　窗口的操作

Windows XP 是以窗口的形式来管理计算机资源的，窗口作为 Windows 的重要组成部分，构成了我们与 Windows 之间的桥梁。因此，认识并掌握窗口的基本操作是使用 Windows 操作系统的基础。

Windows XP 是一个多窗口操作系统，可以同时打开多个窗口。每启动一个程序都会生成一个程序窗口，同时在任务栏上产生一个按钮。

2.4.1　窗口的组成

Windows 的窗口一般由标题栏、菜单栏、工具栏、系统任务、状态栏、滚动条、窗口边框及工作区等部分组成。下面以【我的电脑】窗口为例介绍窗口的组成。

在桌面上双击"我的电脑"图标，可以打开【我的电脑】窗口，这是一个典型的 Windows XP 窗口，构成窗口的各部分如图 2-25 所示。

图 2-25　【我的电脑】窗口

▶ **标题栏**：位于窗口的最上方，颜色通常为深蓝色，其左侧为窗口的图标和名称，右侧为控制按钮，分别是最小化按钮、最大化/还原按钮、关闭按钮。

▶ **菜单栏**：紧接在标题栏下的就是菜单栏，其中列出了很多菜单项，每一个菜单项均包含了一系列的菜单命令，单击菜单命令可以执行相应的操作或任务。

▶ **工具栏**：一般位于菜单栏的下方，它是菜单命令的图形化，即用图形按钮的方式代表一些常用的菜单命令，单击这些按钮可以快速地执行相应的操作，比使用菜单命令更方便。

▶ **系统任务**：这是 Windows XP 特有的，其中显示了在当前窗口中可以执行的一些系统操作任务。

▶ **位置栏**：显示了几个常用的窗口名称，单击它们可以快速地进入相应的窗口。例如，单击【控制面板】选项就进入了控制面板。

▶ **状态栏**：位于窗口的底部，用来显示窗口的状态。例如，选择了部分文件时，状态栏则显示"选定了 X 个对象"，X 代表自然数字。

▶ **工作区**：这是窗口最主要的部分，用来显示窗口的内容，我们就是通过这里操作电脑的，如查找、移动、复制文件等。

➥ **滚动条**：分为垂直滚动条和水平滚动条，当窗口太小以至于不能完全显示所有内容时才会出现滚动条。拖动滚动条上的滑块可以浏览工作区内不能显示的其他区域。

➥ **窗口边框**：即窗口的边界，它是用于改变窗口大小的主要工具。

2.4.2　最小化、最大化/还原与关闭窗口

在每个窗口的最上方都有一个标题栏，其右侧为三个窗口控制按钮。其中，单击"最小化"按钮，窗口将化为一个按钮停放在任务栏上，如图 2-26 所示。单击"最大化"按钮，可以使窗口充满整个 Windows 桌面，处于最大化状态，如图 2-27 所示。这时"最大化"按钮变成了"还原"按钮，单击"还原"按钮，窗口又恢复到原来的大小，如图 2-28 所示。

图 2-26　单击"最小化"按钮　　图 2-27　单击"最大化"按钮　　图 2-28　单击"还原"按钮

当需要关闭窗口时，直接单击标题栏右侧的"关闭"按钮即可。单击菜单栏中的【文件】/【关闭】命令，也可以关闭窗口。

2.4.3　移动窗口

移动窗口就是改变窗口在屏幕上的位置。移动窗口的方法非常简单，将光标移到窗口的标题栏上，按住鼠标左键并拖动鼠标到目标位置处，这时会看到一个虚线框，它代表了目标位置，释放鼠标左键，即完成窗口的移动，如图 2-29 所示。

图 2-29　移动窗口的过程

　　另外，还可以使用键盘移动窗口，方法是按住 Alt 键的同时敲击空格键，这时将打开控制菜单，再按下 M 键(即 Move 的第一个字母)，然后按下键盘上的方向键移动窗口，当窗口到达目标位置后，按下回车键即可。

 重点提示　当窗口处于最大化或最小化状态时，既不能移动它的位置，也不能改变它的大小，这是初学者要特别注意的问题。

2.4.4　调整窗口大小

　　当窗口处于非最大化状态时，可以改变窗口的大小。将光标移到窗口边框上或者右下角处，当光标变成双向箭头时按住鼠标左键拖动鼠标，就可以改变窗口的大小，如图 2-30 所示。

图 2-30　改变窗口大小时的三种状态

2.4.5　多窗口排列

　　Windows XP 是一个多窗口操作系统，当打开了多个窗口以后，为了便于显示与操作，可以通过快捷菜单命令对多窗口进行排列，方法是：在任务栏的空白位置处单击鼠标右键，然后在弹出的快捷菜单中选择排列方式，如图 2-31 所示。

　　选择【层叠窗口】命令，可以将所有窗口的标题栏有序地进行层叠排列，如图 2-32 所示。当需要使用某个窗口时，直接单击该窗口的标题栏即可。

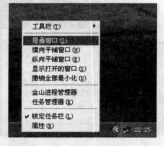

图 2-31　打开的快捷菜单　　　　　图 2-32　层叠排列窗口

选择【横向平铺窗口】命令，将使所有窗口在垂直方向上排列，在水平方向上占据整个屏幕，此时用户可以在多个窗口中同时进行浏览，如图 2-33 所示。

选择【纵向平铺窗口】命令，将使所有窗口在水平方向上排列，在垂直方向上占据整个屏幕，此时用户也可以同时在各个窗口中进行浏览，如图 2-34 所示。

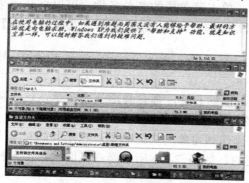 

图 2-33　横向平铺窗口　　　　　　　　图 2-34　纵向平铺窗口

2.4.6　切换窗口

Windows XP 是一个多窗口操作系统，可以同时打开多个窗口，每打开一个窗口，任务栏上都将产生一个按钮。但无论打开了多少个窗口，都只能对一个窗口进行操作，这个被操作的窗口称为"当前窗口"或"活动窗口"，该窗口的标题栏颜色显示为深蓝色，其他窗口都称为"后台窗口"或"非活动窗口"，它们的标题栏颜色为深灰色。

切换窗口的方法非常简单，直接单击"后台窗口"中未被覆盖的部分，或者单击任务栏上相应窗口的按钮，该窗口将成为"当前窗口"。

📖2.5　关于菜单

在前面介绍"开始"按钮与窗口时，都接触到了"菜单"的概念，Windows 操作系统中的"菜单"是指一组操作命令的集合，它是用来实现人机交互的主要形式。通过菜单命令，用户可以向电脑下达各种命令。

2.5.1　菜单的种类

在 Windows XP 中共有四种类型的菜单，分别是标准菜单、快捷菜单、【开始】菜单与控制菜单。

1．标准菜单

标准菜单是指菜单栏上的下拉菜单，它往往位于窗口标题栏的下方，集合了当前程序的特定命令。程序不同，其对应的菜单也不同。单击菜单栏的菜单名称，可以打开一个下拉式菜单，其中包括了许多菜单命令，用于相关操作。如图 2-35 所示是【我的电脑】窗口的标准菜单。

2．快捷菜单

在 Windows 操作环境下，任何情况下单击鼠标右键，都会弹出一个菜单，这个菜单称为"快捷菜单"。实际上，我们在学习前面的内容时已经接触到了"快捷菜单"。

快捷菜单是智能化的，它包含了一些用来操作该对象的快捷命令。在不同的对象上单击鼠标右键，弹出的快捷菜单中的命令是不同的。如图 2-36 所示是在桌面上单击鼠标右键时出现的快捷菜单。

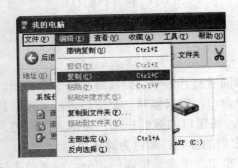

图 2-35　标准菜单

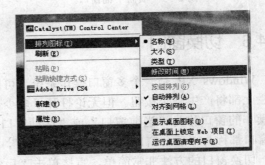

图 2-36　在桌面上单击右键时的快捷菜单

3.【开始】菜单

在 2.2 节中，我们对【开始】菜单进行了详细介绍，它是 Windows 操作系统特有的菜单，主要用于完成启动应用程序、获取帮助和支持、关闭电脑等操作。

4．控制菜单

在任何一个窗口的标题栏上单击鼠标右键，都可以弹出一个菜单，这个菜单称为"控制菜单"，其中包括移动、大小、最大化、最小化、还原和关闭等命令，如图 2-37 所示。在使用键盘操作 Windows XP 时，控制菜单非常有用。

另外，Windows 每一个窗口标题栏的最左侧都有一个图标，称为"窗口图标"，在窗口图标上单击鼠标右键，也可以弹出一个菜单。窗口不同，该菜单中的命令也不一样。如

图 2-38 所示为在【回收站】窗口图标上单击鼠标右键时出现的菜单。

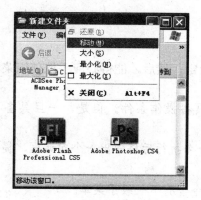

图 2-37   控制菜单   图 2-38   在窗口图标上单击鼠标右键

2.5.2   菜单的操作

如果要对菜单进行操作，可以通过两种方式来实现：使用鼠标和使用键盘。

最常用的方法就是使用鼠标操作菜单。首先单击菜单项打开下拉菜单，然后再单击其中的命令即可。例如在【我的电脑】窗口中，要执行【查看】菜单中的【缩略图】命令，需要先单击【查看】菜单项，然后在弹出的下拉菜单中单击【缩略图】命令，如图 2-39 所示。如果某命令含有子菜单，打开下拉菜单以后，先指向含有子菜单的命令，这时会自动出现子菜单，在子菜单中单击要执行的命令即可，如图 2-40 所示。

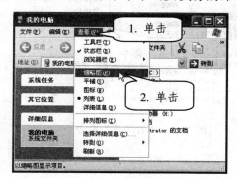

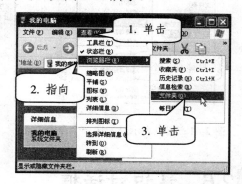

图 2-39   执行菜单命令   图 2-40   执行子菜单命令

其实，使用键盘也一样能操作菜单。仍然以【我的电脑】窗口为例，仔细观察菜单栏可以发现，每一个菜单项的后面都含有一个字母，例如"查看(V)"，那么按住 Alt 键再按下 V 键，即可打开【查看】菜单。我们可以看到，每一个菜单命令后面也有一个字母，例如"详细信息(D)",这时按下 D 键,就表示执行了【详细信息】命令。

2.5.3　菜单的约定

在使用菜单之前,必须先了解菜单的基本约定,然后才能得心应手地使用菜单。下面先介绍菜单都有哪些约定。

➥　灰色的命令表示当前不能执行,即不具备操作条件。但是,一旦具备了操作条件,这些命令就会变为可执行状态,显示为黑色。

➥　菜单命令后面有省略号"...",表示该命令执行后将弹出一个对话框,提供若干选项供用户进行设置。

➥　菜单命令后面有三角符号 ▶,表示该命令含有下一级子菜单。

➥　菜单命令后的组合键为该菜单命令的快捷键,如 Ctrl+C 键,即【复制】命令的快捷键,使用这些快捷键可以快速地执行相应的菜单命令,而不必打开下拉菜单。

➥　命令前面有圆点,表示在一组命令中只能选一个,被选中的命令用圆点标记,表示正在执行的命令,如图 2-41 所示。

➥　命令前面有对勾 ✔,表示该命令已生效,这是一种"开关式"命令,前面有对勾表示启用该命令,没有对勾表示关闭该命令,如图 2-42 所示。

图 2-41　圆点表示只能选一个命令

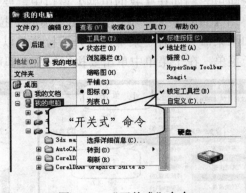

图 2-42　"开关式"命令

📖 2.6　认识对话框

在 Windows 操作系统中,对话框是一个非常重要的概念,它是用户更改参数设置与提交信息的特殊窗口。在进行程序操作、系统设置、文件编辑时,都会用到对话框。

2.6.1　对话框与窗口的区别

一般情况下，对话框中包括以下组件：标题栏、要求用户输入信息或设置的选项、命令按钮，如图 2-43 所示。

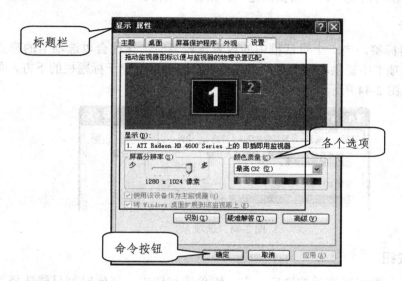

图 2-43　对话框的组成

➥ **标题栏**：与窗口类似，位于对话框的顶端，用于标识对话框的名称，也用于移动对话框。

➥ **各个选项**：对话框的主体部分是选项区，它提供了用于设置参数的各个选项，是完成人机交互的主要部分。

➥ **命令按钮**：用于取消或确认选项参数的设置。

初学者一定要将对话框与窗口区分开，这是两个完全不同的概念，它们虽然有很多相同之处，但是区别也是明显的。

一是作用不同。窗口用于操作文件，而对话框用于设置参数。

二是概念的外延不同。从某种意义来说，窗口包含对话框，也就是说，在窗口环境下通过执行某些命令，可以打开对话框；反之则不可以。

三是外观不同。窗口没有"确定"或"取消"按钮，而对话框都有这两个按钮。

四是操作不同。窗口可以进行最小化、最大化/还原操作，也可以调整大小，而对话框一般是固定大小，不能改变的。

2.6.2　对话框的组成

构成对话框的组件比较多，但是，并不是每一个对话框中都必须包含这些组件，一个对话框可能只用到几个组件。常见的组件有选项卡、复选框、单选按钮、文本框、下拉列表、列表、数值框与滑块等，下面我们逐一介绍各个组件。

1．选项卡

选项卡也叫标签，当一个对话框中的内容比较多时，往往会以选项卡的形式进行分类，在不同的选项卡中提供相应的选项。一般地，选项卡都位于标题栏的下方，单击就可以进行切换，如图 2-44 所示。

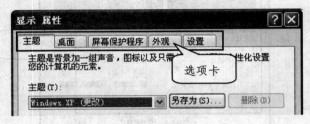

图 2-44　选项卡

2．单选按钮

单选按钮是一组相互排斥的选项。在一组单选按钮中，任何时刻只能选择其中的一个，被选中的单选按钮内有一个圆点，未被选中的单选按钮内无圆点，它的特点是"多选一"，如图 2-45 所示。

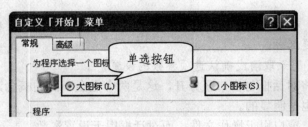

图 2-45　单选按钮

重点提示　　一般情况下，单选按钮的名称后面都有一个带下划线的字母，通过按"Alt+带下划线的字母"可以选择该单选按钮。这种方法对其他对话框组件也适用，以后不再重复。

3．复选框

复选框之间没有约束关系，在一组复选框中，可以同时选中一个或多个。它是一个小方框，被选中的复选框中有一个对勾，未被选中的复选框中没有对勾，它的特点是"多选多"，如图 2-46 所示。

图 2-46　复选框

4．文本框

文本框是一个矩形方框，它的作用是允许用户输入文本内容，如图 2-47 所示。

图 2-47　文本框

5．下拉列表

下拉列表是一个矩形框，显示当前的选定项，但是其右侧有一个小三角形按钮，单击它可以打开一个下拉列表，其中有很多可供选择的选项。如果选项太多，不能一次显示出来，将出现滚动条，如图 2-48 所示。

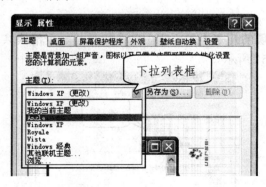

图 2-48　下拉列表

6. 列表

与下拉列表不同，列表直接列出所有选项供用户选择，如果选项较多，列表的右侧会出现滚动条。通常情况下，一个列表中只能选择一个选项，选中的选项以深色显示，如图2-49所示。

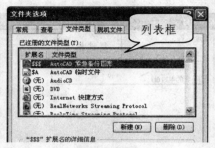

图 2-49　列表

7. 数值框

数值框实际上是由一个文本框加上一个增减按钮构成的，所以可以直接输入数值，也可以通过单击增减按钮的上下箭头改变数值，如图2-50所示。

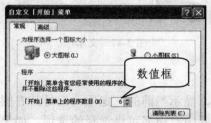

图 2-50　数值框

8. 滑块

滑块在对话框中出现的几率不多，它由一个标尺与一个滑块共同组成，拖动它可以改变数值或等级，如图2-51所示。

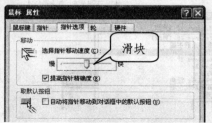

图 2-51　滑块

我的电脑我做主

第3章

本 章 要 点

- 外观的设置
- 系统属性的设置
- 高级个性化设置
- 设置用户账户

通过前面的学习，相信大家已经对电脑不再陌生，很多疑惑也烟消云散。也许现在更希望让自己的电脑凸显个性。非常幸运的是，Windows XP 操作系统允许用户个性化设置自己的电脑。套用一句广告词"我的电脑我做主"，每一个人都可以尝试让自己的电脑与众不同，例如，修改桌面主题、外观、屏幕保护、系统时间与日期等，通过更改这些选项达到个性化电脑的目的，本章将详细介绍这方面的内容。

📖 3.1　外观的设置

每次打开电脑都是相同的画面，时间长了就会产生审美疲劳。实际上，桌面的外观是可以自由设置的，而且操作非常简单，动一动鼠标就可以完成。

3.1.1　更改桌面背景

桌面背景包括两部分：一是背景颜色，二是背景图片。默认情况下，启动电脑以后出现的"蓝天白云"桌面，实际上就是一张图片，它是可以随意更改的。

1．使用自己的照片作背景

用户完全可以将自己制作的图片或照片作为桌面背景，具体操作步骤如下：

步骤 1：在桌面的空白位置处单击鼠标右键，在弹出的快捷菜单中选择【属性】命令，打开【显示 属性】对话框。

步骤 2：切换到【桌面】选项卡中，然后在【背景】列表中选择一幅图片，如图 3-1 所示。

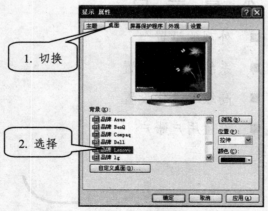

图 3-1　选择图片作背景

步骤 3：如果用户对系统提供的图片不满意，可以单击 浏览(B)... 按钮选择所需的图片(如照片、绘画作品等)，如图 3-2 所示。

图 3-2　重新选择图片作背景

步骤 4：当选择了自己的图片以后，该图片就会出现在【背景】列表中，在【位置】下拉列表中选择"拉伸"，如图 3-3 所示。

步骤 5：单击 确定 按钮，则桌面背景变成了刚才选择的照片，如图 3-4 所示。

图 3-3　选择的图片

图 3-4　更换后的桌面背景

重点提示　在【位置】下拉列表中可以选择"居中"、"平铺"和"拉伸"三种方式，如果选择的照片的大小与屏幕大小一样，则选择任何一种方式的效果都是一样的。只有当照片小于屏幕大小时效果才会不同。

2．使用 ACDSee 软件设置桌面背景

一般的电脑中都会安装 ACDSee 软件，这是一款最流行的看图软件，用于浏览电脑中的照片。在我们浏览照片的过程中，随时都可以将喜欢的照片设置为桌面背景。具体方法是单击菜单栏中的【工具】/【设置墙纸】/【缩放】命令，如图 3-5 所示，则该照片就会变成桌面背景。

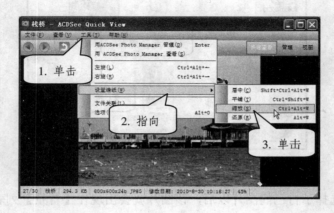

图 3-5　使用 ACDSee 将照片设置为桌面背景

3．将网页中的图片设置为桌面背景

在上网的时候，我们会发现网页中有大量的精美图片，如果想把网页中的图片设置为桌面背景，可以直接在网页中的图片上单击鼠标右键，从弹出的快捷菜单中选择【设置为背景】命令，如图 3-6 所示，这样就将该图片设置成了电脑桌面。

图 3-6　将网页中的图片设置为桌面背景

4．将桌面设置为单一的颜色

如果用户不喜欢使用图片作为桌面背景，更喜欢简洁的风格，可以将桌面设置为单一颜色，具体操作步骤如下：

步骤 1：在桌面的空白位置处单击鼠标右键，在弹出的快捷菜单中选择【属性】命令，打开【显示 属性】对话框。

步骤2：切换到【桌面】选项卡中，在【背景】列表中选择"无"，如图 3-7 所示。

步骤 3：单击【颜色】下方的按钮，可以选择一种颜色作为桌面的背景，例如选择"黑色"，如图 3-8 所示。

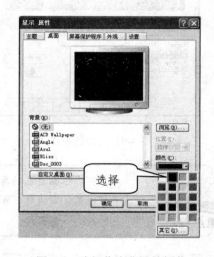

图 3-7　设置背景为"无"　　　　　　　图 3-8　选择作为背景的颜色

步骤 4：单击 确定 按钮，则桌面背景变成了纯黑色，非常简洁。

3.1.2　更改窗口外观

默认情况下，窗口的外观比较单一，通常都是蓝色的标题栏、灰色的菜单栏和工具栏、立体的按钮、灰色的消息框等。如果希望更换一个不同的配色方案，可以按照如下步骤进行操作。

步骤 1：打开【显示 属性】对话框。

步骤 2：切换到【外观】选项卡，在【窗口和按钮】下拉列表中可以选择系统提供的外观样式，例如选择"Windows XP 样式"，如图 3-9 所示。

步骤 3：选择了"Windows XP 样式"后，在【色彩方案】下拉列表中可以选择"默认(蓝)"、"银色"和"橄榄绿"等方案，如图 3-10 所示。

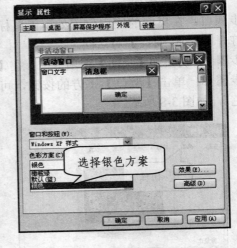

图 3-9　选择外观样式　　　　　　　　　图 3-10　选择一种方案

用户可以根据自己的喜好选择不同的外观样式，每一种外观样式都提供了多种方案，当选择"Windows 经典样式"时，会有更多的选择方案，用户可以尝试使用一下。

重点提示

步骤 4：设置完成后，单击 确定 按钮即可生效。

3.1.3　更改系统图标

在电脑桌面上，"我的电脑"、"网上邻居"、"回收站"和"我的文档"图标是默认的系统图标，也就是安装了 Windows XP 操作系统以后自动出现的，如果看倦了它们的面孔，可以对它们进行更改，打造个性化的图标。下面以更改"网上邻居"图标为例，介绍更改系统图标的方法，具体操作步骤如下：

步骤 1：打开【显示 属性】对话框。

步骤 2：切换到【桌面】选项卡，然后单击 自定义桌面(D)... 按钮，如图 3-11 所示。

步骤 3：在打开的【桌面项目】对话框中选择"网上邻居"图标，然后单击 更改图标(D)... 按钮，如图 3-12 所示。

图 3-11　【桌面】选项卡

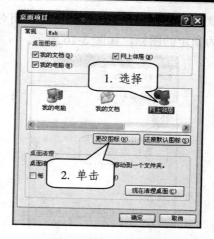

图 3-12　更改"网上邻居"图标

步骤 4：在【更改图标】对话框的图标列表中选择一个要使用的图标，如果没有满意的图标，可以单击 浏览(B)... 按钮，选择自己准备好的图标，如图 3-13 所示。

步骤 5：在弹出的【更改图标】对话框中选择已经准备好的图标(可以从网上下载各种各样的图标)，然后单击 打开(O) 按钮，如图 3-14 所示。

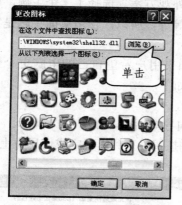

图 3-13　【更改图标】对话框

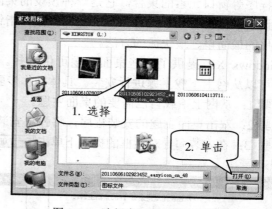

图 3-14　选择自己准备好的图标

重点提示

图标文件的扩展名为 .ico，它不是普通的图片文件，初学者一定要注意这个问题。所以，当需要图标时可以通过网上下载。如果想自己创作图标，则需要安装图标制作软件，如 IconWorkShop、魔法 ICO 等。

步骤 6：这时将返回上一级【更改图标】对话框，并且在对话框中出现选择的图标，如图 3-15 所示。

步骤 7：依次单击 确定 按钮关闭对话框，可以看到桌面上的"网上邻居"图标已被更改为指定的图标，如图 3-16 所示。

图 3-15　选择的图标　　　　　　　　　　　图 3-16　更改后的图标

3.1.4　更改桌面主题

桌面主题是通过预先定义的一组图标、字体、颜色、鼠标指针、声音、背景图片、屏幕保护程序等窗口元素的集合，它是一种预设的桌面外观方案。选择了一个主题，就相当于逐项设置了桌面背景、屏幕保护、图标、鼠标指针等等，所以，使用桌面主题是实现电脑个性化的最简单、最快捷的方法。

Windows XP 提供了一些桌面主题可供选择。如果用户希望自己的电脑更个性化一些，还可以从网上下载主题进行安装。具体操作步骤如下：

步骤 1：从网上下载自己需要的桌面主题。

步骤 2：双击桌面主题的安装程序，将弹出安装向导对话框，如图 3-17 所示。

步骤 3：在安装向导对话框的提示下单击 下一步(N) > 按钮，直到出现完成信息为止，如图 3-18 所示。

图 3-17　安装向导的第一个画面　　　　　　图 3-18　安装向导的最后一个画面

步骤4：单击 完成(F) 按钮，完成第三方主题的安装。

安装了桌面主题以后，可以直接选择主题，快速地完成电脑的一系列个性化设置，让自己的电脑更有特色，其中包括桌面背景、图标、鼠标指针等都会有变化。更改桌面主题的具体操作步骤如下：

步骤1：打开【显示属性】对话框。

步骤2：在【显示属性】对话框中选择【主题】选项卡，然后在【主题】下拉列表中选择已经安装的桌面主题，例如选择"Angle"，如图3-19所示。

步骤3：选择了一个主题以后，在下方的【示例】预览区中可以预览到主题的效果，此时单击 确定 按钮，即可完成桌面主题的更改，如图3-20所示。

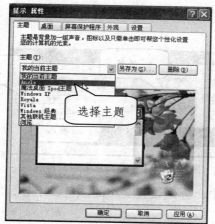
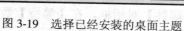

图3-19　选择已经安装的桌面主题

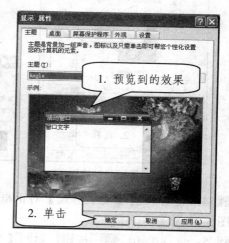

图3-20　选择桌面主题

更改了桌面主题以后，马上就可以看到桌面背景、图标、光标等都发生了改变。如果对桌面主题的某一部分不满意，在选择了桌面主题之后，可以对它做一些局部调整。例如，更换桌面背景、改变图标大小、设置外观颜色等。

更改了桌面主题的一些设置以后，在【主题】下拉列表中可以看到，主题名称后面会出现"（更改）"两个字，说明用户已经对该主题做过更改。例如，我们选择了"Windows XP"主题，然后更改了桌面背景，则【主题】下拉列表中将显示"Windows XP（更改）"。

3.1.5　设置屏幕保护程序

所谓屏幕保护，指的是在电脑空闲时，为保护屏幕而设置的不断变化的画面。Windows XP 提供了屏幕保护程序功能，当电脑在指定的时间内没有任何操作时，屏幕保护程序就会运行。要重新工作时，只需按任意键或者移动鼠标即可。

设置屏幕保护程序的操作步骤如下：

步骤 1：在桌面上的空白位置处单击鼠标右键，在弹出的快捷菜单中选择【属性】命令，打开【显示属性】对话框。

步骤 2：切换到【屏幕保护程序】选项卡，在【屏幕保护程序】下拉列表中选择要使用的屏幕保护程序，例如"字幕"，然后单击 设置(T) 按钮，如图 3-21 所示。

步骤 3：在打开的【字幕设置】对话框中，设置【背景颜色】为黑色，在【文字】文本框中输入出现屏保时显示的文字，例如"电脑主人不在，请勿乱动！"文字，然后单击 文字格式(F)... 按钮，如图 3-22 所示。

图 3-21　选择屏幕保护程序

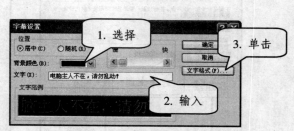

图 3-22　【字幕设置】对话框

步骤 4：在打开的【文字格式】对话框中，分别设置文字的颜色、字体、字形和大小，如图 3-23 所示。

步骤 5：依次单击 确定 按钮，返回【显示属性】对话框，在【等待】数值框中输入一个数值，这个数值就是启动屏幕保护程序的等待时间，如图 3-24 所示。

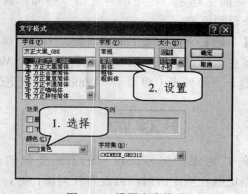

图 3-23　设置文字格式

图 3-24　设置屏保等待时间

步骤 6：单击 确定 按钮，完成屏幕保护程序的设置。当电脑空闲达到指定的时间时，就会启动屏幕保护。

重点提示　电脑显示器显像管的后部有一个电子枪，工作时不停地逐行从上而下地发射电子束，这些电子束被射到荧光屏上，有图像的地方就显示一个亮点，如果长时间让电脑屏幕显示一个静止的画面，那些亮点的地方就容易老化。为了不让电脑屏幕长时间地显示一个画面，所以要设置屏幕保护。

3.2　系统属性的设置

在 Windows XP 操作系统下，用户能设置的项目比较多，除了前面介绍的内容之外，还可以设置系统时间与日期、屏幕分辨率、鼠标与键盘、声音与音频等属性，而这些设置需要通过控制面板进行。

3.2.1　认识控制面板

控制面板是电脑系统的控制中心，它是 Windows 操作系统的重要组成部分，通过它可以查看并操作基本的系统设置。打开控制面板的操作方法如下：

步骤 1：在【开始】菜单中选择【控制面板】命令，如图 3-25 所示，可以打开控制面板，如图 3-26 所示。

图 3-25　执行【控制面板】命令

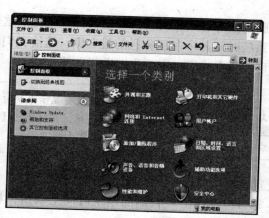
图 3-26　控制面板

步骤 2：控制面板有两种视图，单击面板左侧的"切换到经典视图"文字链接，如图 3-27 所示，可以切换到经典视图，这时右侧以图标形式显示，如图 3-28 所示。

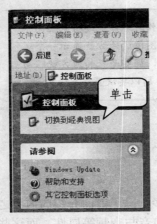

图 3-27　选择经典视图模式　　　　　　图 3-28　经典视图形式显示

重点提示　在控制面板的经典视图模式下，每一个图标都联系着系统中的一部分设置，双击图标，可以打开相应的选项窗口进行设置。为了描述方便，后面我们在使用控制面板时均使用经典视图进行操作。

3.2.2　设置系统时间和日期

电脑中始终有一个时钟，即使关掉了电源，这个时钟也不停止，它就是系统时间。开机后，系统时间显示在任务栏的最右侧，这给我们的工作带来了很大方便。不过，有时这个时间可能不准确了，需要我们进行调整。

重点提示　如果任务栏的右侧没有显示系统时间，可以在控制面板中双击"任务栏和「开始」菜单"图标，在打开的【任务栏和「开始」菜单属性】对话框中勾选【显示时钟】复选框。

设置系统日期和时间的具体操作步骤如下：

步骤 1：在任务栏右侧的系统时间上双击鼠标，或者在控制面板中双击"日期和时间"图标，如图 3-29 所示。

图 3-29　双击任务栏上的时间或控制面板中的"日期和时间"图标

步骤 2：在打开的【日期和时间属性】对话框中可以设置系统时间和日期。首先在左侧的【日期】选项组中设置当前日期，如图 3-30 所示。

步骤 3：在右侧的【时间】选项组中可以设置当前时间。修改时间时，可以在相应的时、分、秒区域单击鼠标，然后使用右侧的增减按钮逐项修改，如图 3-31 所示。

图 3-30　设置当前日期　　　　　图 3-31　设置当前时间

步骤 4：单击 确定 按钮，系统时间将显示为最新设置的日期和时间。

3.2.3　设置显示器分辨率

分辨率是指单位长度上的像素数，习惯上用每英寸中的像素数来表示。显示器的分辨率影响着屏幕的可利用空间。分辨率越大，工作空间越大，显示的内容越多。设置显示器分辨率的操作步骤如下：

步骤 1：在桌面上的空白位置处单击鼠标右键，在弹出的快捷菜单中选择【属性】命令，打开【显示属性】对话框。

步骤 2：切换到【设置】选项卡，在【屏幕分辨率】标尺上拖动滑块，可以改变分辨率的大小；在【颜色质量】下拉列表中可以选择颜色的显示模式，如图 3-32 所示。

步骤 3：单击 确定 按钮，则弹出【监视器设置】对话框，询问是否保留更改后的分辨率，并倒计时 15 秒，如果未做出决定，自动返回原分辨率，如图 3-33 所示。

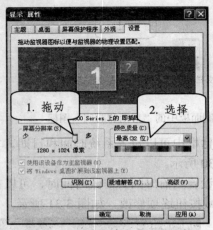

图 3-32　设置分辨率及显示模式

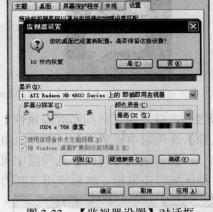

图 3-33　【监视器设置】对话框

步骤 4：单击 [是(Y)] 按钮，完成显示器分辨率的设置。

重点提示

　　对于普通用户来说，最好选择合适的屏幕分辨率，这样既能有效利用屏幕空间，又不影响自己的使用。普通 17 寸显示器或 15 寸液晶显示器推荐分辨率为 1024×768，而普通 19 寸显示器或 17 寸液晶显示器推荐分辨率为 1280×1024，不过这不是绝对的，用户可以依据偏好进行设置。

3.2.4　设置显示器的刷新率

　　电脑屏幕出现的每一幅画面，都是自上而下逐行扫描而成的。换句话说，我们看到的画面是一行一行逐渐出现的，只是出现的速度非常快，眼睛感觉不到而已。这个速度就是显示器的刷新率，以 Hz(赫兹)为单位。

　　如果显示器的刷新率太低，屏幕就会产生闪烁感，这样对眼睛有伤害；如果刷新率过高，又会对显示器本身不好。一般来说，普通显示器的刷新率不要低于 75 Hz，而对于液晶显示器来说，采用默认刷新率即可。设置显示器的刷新率的具体操作步骤如下：

　　步骤 1：打开【显示属性】对话框，切换到【设置】选项卡，然后单击 [高级(V)] 按钮，如图 3-34 所示。

　　步骤 2：在弹出的【即插即用监视器和……】对话框中，切换到【监视器】选项卡，在【屏幕刷新频率】下拉列表中选择"75 赫兹"，并勾选【隐藏该监视器无法显示的模式】复选框，如图 3-35 所示。

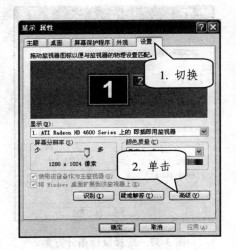

图 3-34　【设置】选项卡

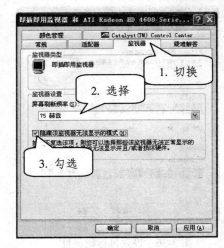

图 3-35　【监视器】选项卡

步骤 3：单击 ▢确定 按钮，则更改了显示器的刷新率。

重点提示

① 用户选购的电脑显示器与显卡不同，单击 高级(V) 按钮时出现的对话框的内容也有所不同。

② 修改了刷新率以后，也许感觉不到变化。这里介绍一个判断方法：用眼睛盯着显示器旁边的一个物体，用余光去观察屏幕，如果有闪烁感，说明显示器的刷新率过低。

3.2.5　设置鼠标与键盘

鼠标与键盘作为重要的输入设备，也可以对它们进行个性化设置，但是不建议初学者对它们进行设置，以免设置不当，影响电脑的工作。

1. 设置鼠标

利用控制面板可以设置鼠标与键盘的属性，如双击速度的快慢、指针移动的快慢、滚动一次滑轮所能移动的行数等等。设置鼠标属性的操作方法如下：

步骤 1：在控制面板中双击"鼠标"图标，则打开【鼠标属性】对话框。

步骤 2：在【鼠标键】选项卡中可以设置鼠标键配置、双击速度以及是否单击锁定，如图 3-36 所示。

步骤 3：切换到【指针】选项卡，在这里可以选择系统提供的鼠标指针方案，如图 3-37 所示。

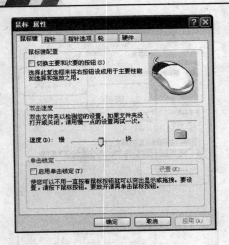

图 3-36　设置鼠标键属性

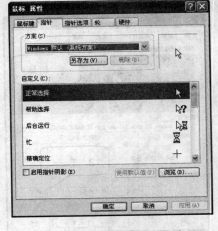

图 3-37　选择鼠标指针方案

步骤 4：切换到【指针选项】选项卡，在这里可以设置指针移动的速度以及指针的可见性，如图 3-38 所示。

步骤 5：切换到【轮】选项卡，设置滚动一次滑轮所经过的行数，如图 3-39 所示。

图 3-38　设置指针属性

图 3-39　设置滑轮属性

步骤 6：单击 确定 按钮，完成鼠标属性的设置。

2．设置键盘

我们可以依照自己的爱好设置键盘的属性。具体操作方法如下：

步骤 1：在控制面板中双击"键盘"图标，打开【键盘属性】对话框。

步骤 2：在【速度】选项卡的【字符重复】选项组中拖动滑块，可以设置重复延迟、重复率，如图 3-40 所示。

步骤 3：在【光标闪烁频率】选项组中拖动滑块，可以改变光标在屏幕上的闪烁频率，如图 3-41 所示。

图 3-40　改变字符重复属性

图 3-41　改变光标闪烁频率

步骤 4：单击 确定 按钮，完成键盘属性的设置。

3.3　高级个性化设置

前面介绍了一些基础设置，可以让用户的电脑表现得与众不同。此外，Windows XP 还提供了强大的自定义功能，特别是利用注册表可以做很多修改，下面介绍几项相对高级的个性化设置。

3.3.1　在系统时间前面加上文字

系统时间在任务栏的最右边，格式为 H：mm，其中 H 代表小时，mm 代表分钟，将光标指向时间稍作停顿，将显示出当前日期。如果用户想让自己电脑的系统时间更有个性，可以在时间前面添加有趣的信息，例如，加上"朱家庄时间"字样，如图 3-42 所示。

图 3-42　在系统时间前面加上个性文字

　　下面介绍如何在系统时间前面添加文字，具体操作步骤如下：

　　步骤 1：在控制面板中双击"区域和语言选项"图标，打开【区域和语言选项】对话框，然后单击 区定义(Z)... 按钮，如图 3-43 所示。

　　步骤 2：在打开的【自定义区域选项】对话框中切换到【时间】选项卡，然后在【AM 符号】与【PM 符号】文本框中分别输入"朱家庄时间"，在【时间格式】下拉列表中选择"tt:H:mm:ss"选项，如图 3-44 所示。

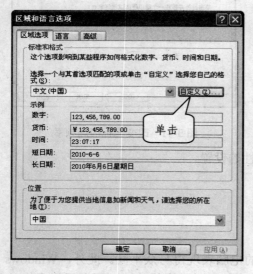 

图 3-43　【区域和语言选项】对话框　　　　　　图 3-44　设置时间选项

　　步骤 3：依次单击 确定 按钮关闭对话框，可以发现系统时间前面出现了非常有趣的文字。

3.3.2　更改制造商标志

　　在桌面上的"我的电脑"图标上单击鼠标右键，在弹出的快捷菜单中选择【属性】命令，将打开【系统属性】对话框，在该对话框的左下角有一个制作商的标志，如图 3-45 所示。对于该标志，我们也可以更改为个性标志，如图 3-46 所示。

图 3-45　原来的制作商标志

图 3-46　更改后的制作商标志

　　要完成上面的操作，首先需要使用"画图"软件建立一个 160×120 像素的文件，然后绘制一个图案，再将其以"oemlogo"为名称保存到 C:\Windows\System32 文件夹下即可。具体操作步骤如下：

　　步骤 1：在桌面上单击【开始】/【所有程序】/【附件】/【画图】命令，启动"画图"软件，如图 3-47 所示。

　　步骤 2：单击菜单栏中的【图像】/【属性】命令，在打开的【属性】对话框中设置【宽度】为 160，【高度】为 120，【单位】为像素，如图 3-48 所示。

图 3-47　打开的"画图"软件

图 3-48　设置图像属性

　　步骤 3：使用其中的圆形工具与文字工具，制作一个图案，如图 3-49 所示。

　　步骤 4：单击菜单栏中的【文件】/【保存】命令，打开【保存为】对话框，设置保存位置为 C:\Windows\System32，文件名为"oemlogo"，如图 3-50 所示。

图 3-49　制作的图案

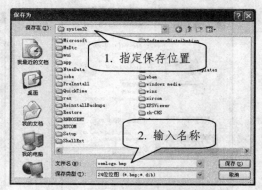

图 3-50　设置保存选项

步骤 5：单击 保存(S) 按钮，将出现提示："C:\Windows\System32\oemlogo.bmp 已存在。要替换它吗？"，此时确认即可。这时再重新查看电脑的制造商标志时，就会发现已经变成了更改后的标志。

3.3.3　隐藏文件夹

对于电脑中的一些重要文件，如果不想让其他人看到，可以将它们放在一个文件夹中，然后隐藏起来。具体操作方法如下：

步骤 1：打开【资源管理器】窗口，选择要隐藏的文件夹。

步骤 2：在文件夹上单击鼠标右键，在弹出的快捷菜单中选择【属性】命令，在弹出的【属性】对话框中选择【隐藏】复选框，如图 3-51 所示。

步骤 3：单击 确定 按钮，则弹出【确认属性更改】对话框，选择其中的【将更改应用于该文件夹、子文件夹和文件】选项，然后单击 确定 按钮，如图 3-52 所示。

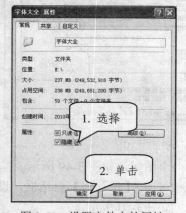

图 3-51　设置文件夹的属性

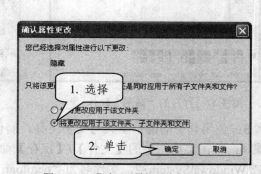

图 3-52　【确认属性更改】对话框

步骤 4：在【资源管理器】窗口中单击菜单栏中的【工具】/【文件夹选项】命令，如图 3-53 所示。在弹出的【文件夹选项】对话框中切换到【查看】选项卡，选择【不显示隐藏的文件和文件夹】选项，然后单击 确定 按钮，如图 3-54 所示，则所有具有隐藏属性的文件或文件夹均被隐藏起来。

图 3-53　执行【文件夹选项】命令

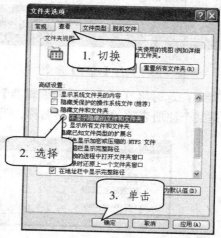

图 3-54　【文件夹选项】对话框中

重点提示　　如果要显示隐藏的文件，在【文件夹选项】对话框中选择【显示所有文件和文件夹】选项，然后确认，则隐藏的文件又显示出来，但是它们以半透明的状态显示。

3.3.4　隐藏硬盘驱动器

稍微有一些电脑知识的人，都会将隐藏的文件找出来。下面介绍一种更高级的隐藏方法，即通过修改注册表，直接隐藏磁盘驱动器，也就是将整个硬盘都隐藏起来。具体操作步骤如下：

步骤 1：单击桌面左下角的 开始 按钮，在打开的【开始】菜单中选择【运行】命令，如图 3-55 所示。

步骤 2：在弹出的【运行】对话框中输入"regedit"或"regedt32.exe"，然后单击 确定 按扭，如图 3-56 所示。

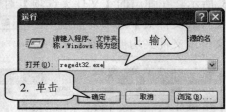

图 3-55 执行【运行】命令　　　　　　　　图 3-56 【运行】对话框

步骤 3：这时将打开【注册表编辑器】窗口，左窗格中显示的是注册表项，右窗格中显示的是某个注册表项的值，包括名称、类型和数据，如图 3-57 所示。

图 3-57 【注册表编辑器】窗口

步骤 4：在左窗格中选择 HKEY_CURRENT_USER/Software/Microsoft/Windows/CurrentVersion/Policies/Explorer 注册表项。

步骤 5：在右窗格中的空白位置处单击鼠标右键，在弹出的快捷菜单中选择【新建】/【DWORD 值】命令，新建一个 DWORD 值并命名为 NoDrives，然后双击它，在弹出的【编辑 DWORD 值】对话框中将其数值数据设置为 4，如图 3-58 所示，这样可以隐藏C 盘。

图 3-58 修改 NoDrives 值

步骤 6：设置完毕后，重新启动电脑即可应用设置。如图 3-59 所示即为隐藏了驱动器C 的【我的电脑】窗口。

图 3-59   隐藏了驱动器 C 盘

重点提示   NoDrives 的值共有 26 个，分别代表驱动器 A 到驱动器 Z，A 盘的值为 1，B 盘的值为 2，C 盘的值为 4，D 盘的值为 8，如此类推，后面的盘的数值是前面盘的 2 倍，要隐藏哪个磁盘，设置相应的值即可，如果要隐藏所有的磁盘，则将 NoDrives 的值设置为 FFFFFFFF。

3.3.5   去除快捷方式图标的小箭头

桌面上的图标有两种：一种是系统自带的图标；另一种是安装软件后生成的图标，往往称为快捷方式图标，这种图标的左下角都有一个小箭头。如果希望将快捷方式图标的小箭头去除，可以通过修改注册表来实现。

去除快捷方式图标的小箭头的具体操作步骤如下：

步骤 1：打开【注册表编辑器】窗口。

步骤 2：在左窗格中选择 HKEY_CLASSES_ROOT/ Lnkfile 注册表项。

步骤 3：在右窗格中选择字符串值 IsShortcut，单击鼠标右键，在弹出的快捷菜单中选择【删除】命令，将它删除，如图 3-60 所示。

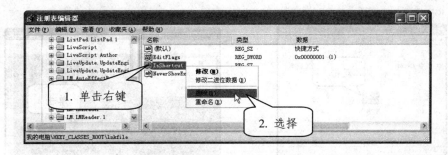

图 3-60   删除字符串值 IsShortcut

步骤 4：重新启动电脑，可以发现桌面上快捷方式图标左下角的小箭头不见了，如图 3-61 所示为删除前和删除后的效果。

图 3-61　删除快捷方式图标小箭头的前、后效果对比

重点提示　　注册表的功能非常强大，本章介绍的是一些常见功能的设置。由于注册表的修改会对系统造成非常大的影响，所以用户在修改注册表的过程中，最好对注册表进行备份，以防由于错误修改而造成不必要的损失。

3.4　设置用户账户

Windows XP 支持多个用户使用计算机，每个用户都可以设置自己的账户和密码，并在系统中保持自己的桌面外观、图标及其他个性化设置，这样不同账户的用户不会互相干扰。

3.4.1　创建新账户

在安装操作系统的过程中，系统会提示创建新账户。安装完成以后，用户也可以在控制面板中创建新账户。创建新账户的操作方法如下：

步骤 1：在控制面板中双击"用户账户"图标，如图 3-62 所示。

步骤 2：在弹出的【用户账户】窗口中单击"创建一个新账户"文字链接，如图 3-63 所示。

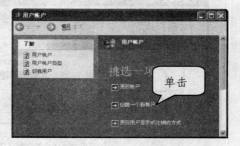

图 3-62　双击"用户账户"图标　　　　图 3-63　单击"创建一个新账户"文字链接

步骤 3：在弹出的"为新账户起名"页面中输入一个新的账户名称，如图 3-64 所示。这个名称会出现在欢迎屏幕和【开始】菜单中。

步骤 4：单击 下一步(N) > 按钮，在弹出的"挑选一个账户类型"页面中选择【受限】选项，如图 3-65 所示。

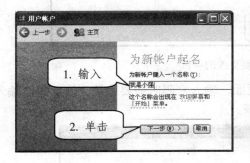
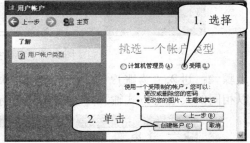

图 3-64　输入账户名称　　　　　　　　图 3-65　挑选账户类型

步骤 5：单击 创建帐户(C) 按钮，则新创建了一个账户，如图 3-66 所示。

图 3-66　新创建的账户

3.4.2　设置账户密码

创建了新账户后，可以更改该账户的相关信息，如账户密码、图片、名称等。例如，我们要为"我是小强"账户设置密码，具体操作步骤如下：

步骤 1：在【用户账户】窗口中单击"我是小强"账户，系统会询问用户想更改什么？单击"创建密码"文字链接，如图 3-67 所示。

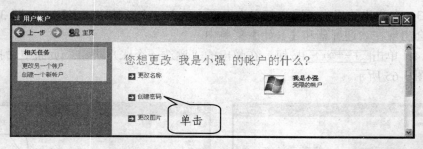

图 3-67   单击要更改的项目

步骤 2：进入"为账户创建一个密码"页面，输入密码时需要确认一次，每次输入时必须以相同的大小写方式输入，如图 3-68 所示。

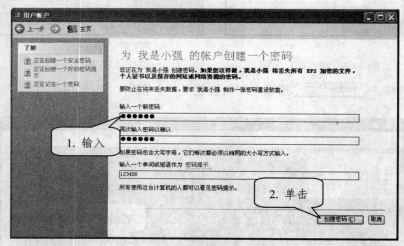

图 3-68   创建密码

步骤 3：单击 创建密码(C) 按钮，则为该账户创建了密码，这时重新返回上一层页面，但是出现了【更改密码】与【删除密码】选项，如图 3-69 所示。

图 3-69   新增的选项

3.4.3　删除账户

为了节省磁盘空间，对于不再使用的用户账户，可以将其删除。在操作系统中要删除其他不需要的账户，必须使用管理员账户登录系统才能进行操作。删除账户的具体操作步骤如下：

步骤1：打开控制面板，双击"用户账户"图标。

步骤2：在打开的【用户账户】窗口中单击"我是小强"账户，这时系统会询问用户想更改什么？单击"删除账户"文字连接，如图3-70所示。

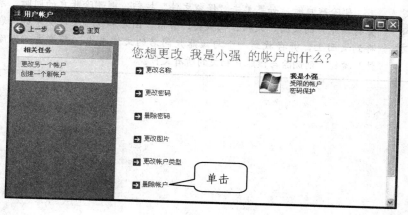

图3-70　删除账户

步骤3：这时系统询问用户是否保留文件，单击 删除文件(N) 按钮即可，如图 3-71 所示。

图3-71　删除文件

步骤4：这时系统继续提示用户是否要真的删除账户，如果确认，单击 删除帐户(Y) 按钮即可，如图3-72所示。

图 3-72 删除账户

重点提示

删除账户时，如果单击"保留文件"按钮，则删除账户的同时，系统会将该账户的桌面、文档、收藏夹、音乐、图片和视频文件夹中的内容保存到桌面上，并存放到一个与该账户同名的文件夹中。若单击"删除文件"按钮，则删除与该账户相关的所有文件。

轻松输入汉字

第4章

本章要点

- 输入汉字前的准备
- 智能 ABC 输入法的使用
- 搜狗拼音输入法的使用

我们知道，鼠标与键盘是最重要的输入设备，用于向电脑下达指令。其中，键盘承载着英文字母、数字、符号以及汉字的输入任务。与英文字母、数字不同，要向电脑中输入汉字，必须会使用一种汉字输入法。所以本章重点介绍输入法的添加与删除、选择输入法、使用输入法输入汉字的方法等内容。

4.1 输入汉字前的准备

如果要输入汉字，需要对输入法有所了解，不同的汉字输入法，其规则是不一样的。在学习汉字输入之前，我们先介绍如何选择输入法、怎么安装输入法等内容。

4.1.1 选择输入法

Windows XP 系统自身提供了几种汉字输入法，在输入汉字时，首先要选择自己会使用的输入法。输入法图标显示在任务栏的语言栏上，且显示为英文状态，如果要选择其他的输入法，可以按下述步骤操作：

步骤 1：在语言栏上单击 EN 图标(语言指示器)，在弹出的列表中选择"CH 中文(中国)"选项，则切换到中文输入法，如图 4-1 所示。

步骤 2：这时在语言指示器 CH 右侧会出现一个输入法图标，单击该图标，在打开的输入法列表中将显示电脑上安装的所有输入法，如图 4-2 所示。

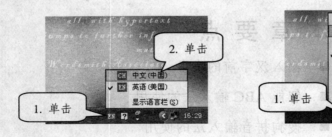

图 4-1　切换到中文输入法　　　　　　图 4-2　输入法列表

步骤 3：在输入法列表中选择自己喜欢的输入法即可。例如，要选择"极点五笔"输入法，直接单击它即可，如图 4-2 所示。

除了通过语言栏选择输入法之外，还可以通过快捷键的方式来切换。

➥ **按 Ctrl+Shift 键**：要在各输入法之间进行切换，可以按 **Ctrl+Shift** 键进行操作：先按住 Ctrl 键不放，再按 Shift 键，每按一次 Shift 键，会在已经安装的输入法之间按顺序循环切换。

➜ **按 Ctrl+Space（空格）键**：如果选择了中文输入法，按下 Ctrl+Space(空格)键，可以返回英文状态；再次按该组合键，又返回到中文输入状态。

4.1.2 添加输入法

只有将输入法添加到输入法列表中才能正常使用，大多数情况下，安装输入法以后，系统会自动将该输入法添加到输入法列表中。对于这些输入法，用户可以对其自由地添加与删除。

添加输入法的具体操作步骤如下：

步骤 1：在任务栏右侧的输入法图标上单击鼠标右键，在弹出的快捷菜单中选择【设置】命令，如图 4-3 所示。

步骤 2：在弹出的【文字服务和输入语言】对话框中单击 添加(D)... 按钮，如图 4-4 所示。

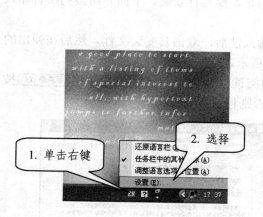

图 4-3 设置输入法

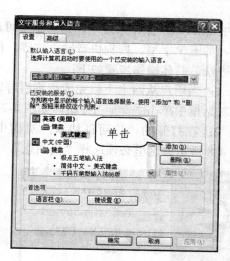

图 4-4 【文字服务和输入语言】对话框

步骤 3：在弹出的【添加输入语言】对话框中，设置【输入语言】为"中文(中国)"，在【键盘布局/输入法】下拉列表中选择要添加的输入法，如"中文(简体)-全拼"，如图 4-5 所示。

步骤 4：单击 确定 按钮，则添加了新的输入法，如图 4-6 所示。

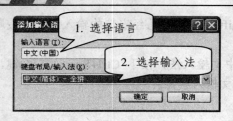

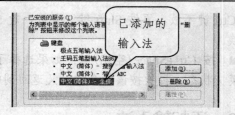

图 4-5 【添加输入语言】对话框 图 4-6 添加了新的输入法

步骤 5：再次单击【文字服务和输入语言】对话框中的 确定 按钮，便完成了输入法的添加。

重点提示　添加输入法只能添加系统自带的内置输入法，对于外部输入法，如五笔字型、搜狗拼音输入法等，则只能采用安装的方法来添加，后面我们会详细介绍这类输入法的安装。

4.1.3 安装第三方输入法

在 Windows XP 操作系统中，用户除了可以使用自带的输入法以外，也可以使用第三方输入法，如五笔字型、搜狗拼音输入法等，但是需要自行安装。下面介绍搜狗拼音输入法的安装方法，具体操作步骤如下：

步骤 1：当用户从网上下载完成搜狗拼音输入法后，双击其安装文件，然后在弹出的安装向导对话框中单击 下一步(N)> 按钮，如图 4-7 所示。

步骤 2：在打开的"许可证协议"页面中阅读安装使用协议，然后单击 我同意(I) 按钮，如图 4-8 所示。这里必须选择"我同意"，否则将退出安装。

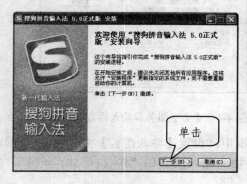

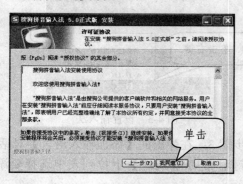

图 4-7 安装向导对话框 图 4-8 同意安装使用协议

步骤 3：在打开的"选择安装位置"页面中设置安装路径，可以在【目标文件夹】文本框中直接输入安装路径，也可以单击 `浏览(B)...` 按钮重新设置安装路径，然后单击 `下一步(N)` 按钮，如图 4-9 所示。

步骤 4：打开"选择'开始菜单'文件夹"页面，在这里保持默认设置，直接单击 `安装(I)` 按钮，如图 4-10 所示。

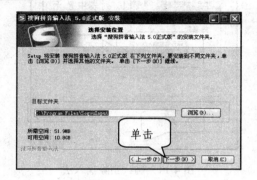

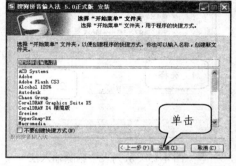

图 4-9   设置安装路径   图 4-10   打开"选择'开始菜单'文件夹"

步骤 5：执行安装操作以后，系统开始安装搜狗拼音输入法，并在弹出的向导对话框中显示安装进度，这时需要等待一会儿，如图 4-11 所示。

步骤 6：安装进度条消失后，表示安装完成，这时弹出提示信息，单击 `完成(F)` 按钮完成安装，如图 4-12 所示。

图 4-11   开始安装搜狗拼音输入法   图 4-12   安装完成

4.1.4   删除输入法

如果安装的输入法太多，在选择输入法时就很不方便，特别是使用快捷键切换输入法时会浪费时间。这时用户可以删除不常使用的输入法。

删除输入法的具体操作步骤如下：

步骤 1：按照前面的方法打开【文字服务和输入语言】对话框，在【已安装的服务】列表中选择要删除的输入法，然后单击 删除(R) 按钮，如图 4-13 所示。

步骤 2：单击 确定 按钮，则成功删除该输入法，如图 4-14 所示。

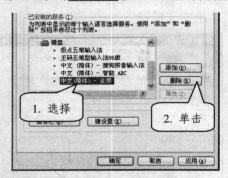

图 4-13　从列表中删除输入法　　　　图 4-14　确认删除输入法

重点提示

当用户删除一个系统内置的输入法时，只是从系统记录的当前输入法列表中删除了这条记录，并不是从硬盘上删除了输入法文件，所以不必担心。但是要注意，对于一些外部输入法而言，一旦删除，需要重新安装。

4.2　智能 ABC 输入法的使用

智能 ABC 输入法又称为标准输入法，它以汉语拼音为基础，简单易学，容易上手，可以方便地输入单个汉字、词组或自定义词组，学习起来相当轻松。

4.2.1　认识输入状态条

选择智能 ABC 输入法以后，屏幕下方也会出现一个输入状态条，从左到右分别是"中/英文切换"按钮、"输入法名称"、"全角/半角切换"按钮、"中/英文标点切换"按钮、软键盘开关按钮，如图 4-15 所示。

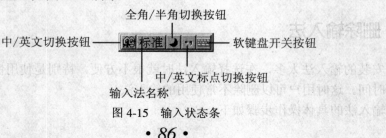

图 4-15　输入状态条

1. 中/英文切换按钮

单击该按钮，可以在当前的汉字输入法与英文输入法之间进行切换。除此之外，还有一种快速切换中、英文输入法的方法，即按 Ctrl + Space 键。

2. 输入法名称

这里显示了输入法的名称，单击它可以在"标准"与"双打"之间进行切换。

3. 全角/半角切换按钮

单击该按钮，可以在全角/半角方式之间进行切换。全角方式时，输入的数字、英文等均占两个字节，即一个汉字的宽度；半角方式时，输入的数字、英文等均占一个字节，即半个汉字的宽度。除此之外，按 Shift + Space 键，可以快速地在全角、半角之间进行切换。

4. 中/英文标点切换按钮

单击该按钮，可以在中文标点与英文标点之间进行切换。如果该按钮显示空心标点，表示对应中文标点；如果该按钮显示实心标点，表示对应英文标点。

除此之外，还有一种快速切换中/英文标点的方法，即按 Ctrl + . (句点)键。

5. 软键盘开关按钮

单击该按钮，可以打开或关闭软键盘。默认情况下打开的是标准 PC 键盘。当需要输入一些特殊字符时，可以在软键盘开关按钮上单击鼠标右键，这时会出现一个快捷菜单，如图 4-16 所示，选择其中的命令可以打开相应的软键盘，用于输入一些特殊字符。

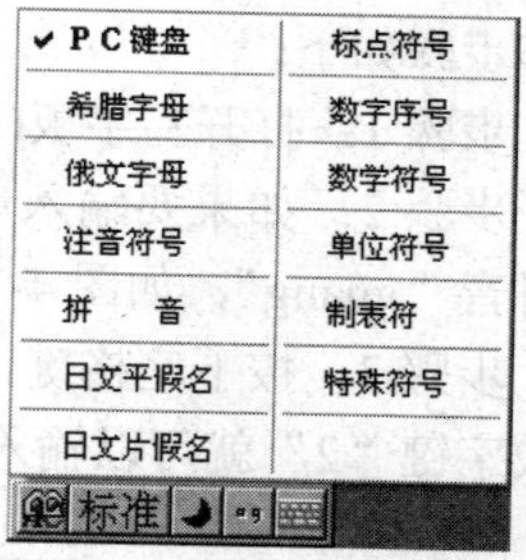

✔ PC 键盘	标点符号
希腊字母	数字序号
俄文字母	数学符号
注音符号	单位符号
拼　音	制表符
日文平假名	特殊符号
日文片假名	

图 4-16　快捷菜单

4.2.2　外码输入与候选窗口

外码输入窗口用于接收键盘的输入信息，只有输入过程中才出现外码输入窗口。而候选窗口是指供用户选择文字的窗口，该窗口只在有重码或联想情况下才出现，而且其外观形式因输入法的不同而不同，如图 4-17 所示是"智能 ABC 输入法"的外码输入与候选窗口。

在候选窗口中单击所需的文字，或者按下文字前方的数字键，可以将文字输入到当前文档中。如果候选窗口中没有所需的文字，可以按"+"键向后翻页，按"－"键向前翻页，直到找到所需的文字为止。

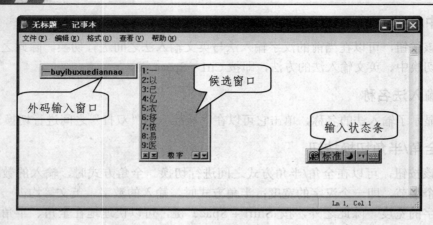

图 4-17　外码输入与候选窗口

4.2.3　全拼输入法

使用智能 ABC 输入法输入汉字和词组的时候，分为三种输入方式：即全拼输入、简拼输入和混拼输入。全拼输入法的特点是输入汉字时依次输入每个汉字的所有拼音字母，操作步骤如下：

步骤 1：打开写字板(也可以打开记事本)，切换到智能 ABC 输入法。

步骤 2：如果要输入单个字，输入该汉字的完整拼音即可，例如输入"广"字，可键入拼音"guang"，如图 4-18 所示。

步骤 3：按下空格键，则候选窗口中出现若干同音字，"广"字的编号为"2"，这时按下数字键"2"就可以输入"广"字，如图 4-19 所示。

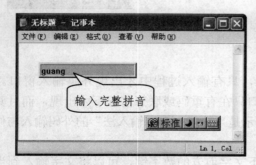

图 4-18　输入完整拼音

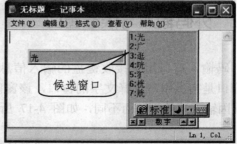

图 4-19　在候选窗口中选择文字

步骤 4：如果要输入汉字词组，就按照顺序键入词组的完整拼音。例如，要输入词组

"计算机"，可键入拼音"jisuanji"，按下空格键，则候选窗口中出现词组"计算机"，此时再按一次空格键即可，如图 4-20 所示。

步骤 5：如果输入词组时，前后拼音容易混淆，需要使用"'"分隔开，如图 4-21 所示。

图 4-20　输入词组的完整拼音　　　　图 4-21　容易混淆拼音的处理

4.2.4　简拼输入法

简拼输入法速度更快一些，输入词组时只需输入每一个字的第一个字母即可，而不需要输入完整的拼音。其操作方法如下：

步骤 1：打开写字板(也可以打开记事本)，切换到智能 ABC 输入法。

步骤 2：输入简拼，例如输入"计算机"，只需要键入声母 jsj 即可，然后按下空格键，此时候选窗口中出现了很多由声母 jsj 组成的词组，如图 4-22 所示。

步骤 3：如果候选窗口中没有需要输入的词组，则按下键盘上的"+"键翻至下一页进行查找，如果有则直接按下前面对应的数字键即可，如图 4-23 所示。

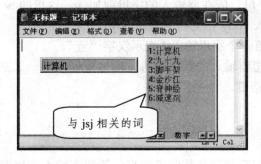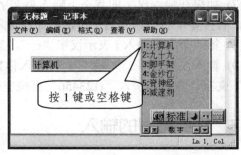

图 4-22　键入词组的声母　　　　图 4-23　选择所需的词组

4.2.5　混拼输入法

全拼输入法的缺点是效率低，因为要键入全部拼音；简拼输入法虽然减少了击键次数，输入比较快，但是随之而来的问题是重码率太高，需要不停地翻页查找。而混拼输入法就是为了解决前两种输入方式存在的弊端。它使用全拼和简拼相结合的方法，这样既可以减少击键次数，又能降低重码率，例如，输入"计算机"词组时，可输入拼音"jsji"、"jisj"或"jsuanj"，结果都一样，都会出现词组"计算机"。

4.2.6　智能 ABC 的输入法则

(1) 按下空格键，结束输入。在输入拼音的过程中，外码窗口最多只能输入 40 个字符，用户可以随时按下空格键结束输入。

(2) 由于汉字中同音字很多，所以候选窗口中会出现若干字或词组供用户选择，位于第一位的可以直接按空格键选择，而其他的则需要按其前方的数字键才能选择。

(3) 智能 ABC 输入法能够自动记忆一些人名、地名或专有名词等新词，例如"王大华"是一个人名，第一次输入时需要使用全拼输入法，以后再输入时直接输入"wdh"即可。

(4) 在输入拼音的基础上，再加上该字第一笔形状编码的笔形码，可以缩小检索范围。笔形码所代替的笔形为：1-横、2-竖、3-撇、4-捺、5-左弯钩、6-右弯钩、7-十字交叉、8-方框。例如"吴"字，输入"wu8"即可减少检索时翻页的次数，检索范围大大缩小。

(5) 对于没有声母的汉字，当输入词组时，要使用隔字符"'"，否则可能造成错误，例如：西安(xi'an)、感恩(gan'en)、妨碍(fang'ai)。

(6) 汉语拼音中的韵母 ü 以字母 v 代替，例如：绿叶(lvye)、女孩(nvhai)。

(7) 如果在输入汉字的状态下输入英文字母，应在要输入的字母前加 v，这里的 v 不显示，直接显示后面输入的字母，例如：输入 vboy 在文档中显示 boy。

(8) 第一个字母输入 i 表示汉字"一"，第一个字母输入 I 表示汉字"壹"。

(9) 输入汉字数字。先输入 i 再输入你想要输入的数字即可，例如要输入"一二三四五六"文字，方法是输入"i123456"再按空格键。

4.2.7　标点符号的输入

在中文输入法状态下，有几个特殊的标点符号需要初学者掌握，避免在输入文字时找不到这些标点。下面以表格的形式列出。

标点	名称	对应的键
、	顿号	\
——	破折号	_
……	省略号	^
·	间隔号	@
《　》	书名号	<　>
￥	人民币符号	$

4.3　搜狗拼音输入法的使用

搜狗拼音输入法是目前使用较多的一款拼音输入法，很受用户的欢迎，不仅具有普通拼音输入法的功能，而且对于一些网络新名词、电视剧名、网络流行语等都能以词组的形式输入，所以输入速度比较快。

4.3.1　输入汉字

搜狗拼音输入法与前面介绍的智能 ABC 输入法类似，也有三种输入汉字的方式，即全拼输入、简拼输入、混拼输入。其输入文字的过程也一样，只是不用按空格键，就可以在下方看见候选窗口，功能上更加方便。例如，输入"搜狗拼音输入法"这几个字，键入sgpysrf，马上出现与之相关的候选词语，按下词组前面的数字键即可选择相应的词语，对于第一个词语，可以直接按空格键进行选择，如图4-24所示。

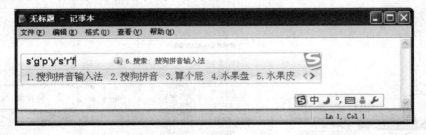

图4-24　使用搜狗输入汉字的过程

4.3.2　输入英文

在搜狗拼音输入法状态下，如果要输入英文，可以按下 Shift 键，这样就切换到了英文输入状态，再按一下 Shift 键，又返回到汉字输入状态。另外，用鼠标单击输入状态条上的"中"字图标也可以切换。

除了使用 Shift 键可以切换中英文以外，搜狗拼音输入法也支持回车输入英文和 V 模式输入英文。具体使用方法如下：

(1) 回车输入英文：输入英文，直接按回车键即可，如图 4-25 所示。

图 4-25　输入英文与汉字的对比

(2) V 模式输入英文：先输入 V，然后再输入所需的英文，最后按空格键即可。如果在 V 后输入 "/" 再输入英文，则 V 不上屏，只有 "/" 和后面的内容上屏。

4.3.3　输入特殊字符

搜狗拼音输入法的功能非常强大，它可以轻松地输入一些常用的特殊符号，特别是进行网络聊天时，可以方便地输入一些网络语言或表情。具体操作方法如下：

步骤 1：在输入状态条上单击鼠标右键，在弹出的快捷菜单中选择【表情&符号】命令，在其子菜单中选择【特殊符号】命令，如图 4-26 所示。

步骤 2：在打开的【搜狗拼音输入法快捷输入】对话框中先选择符号类型，如选择"特殊符号"类型，然后单击需要输入的符号即可，如图 4-27 所示。

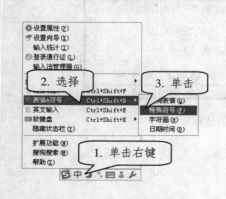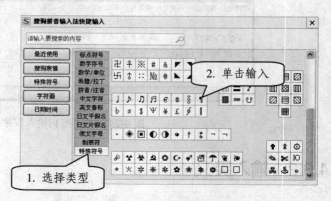

图 4-26　执行【特殊符号】命令　　　　　　　　图 4-27　输入特殊符号

步骤 3：如果要输入一些网络语言，可以在快捷菜单中选择【搜狗表情】命令，或者在对话框左侧单击 搜狗表情 按钮，然后单击所需要的表情符号，如图 4-28 所示。

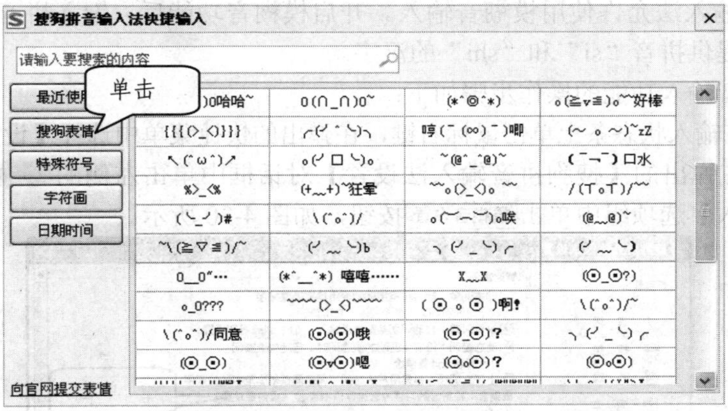

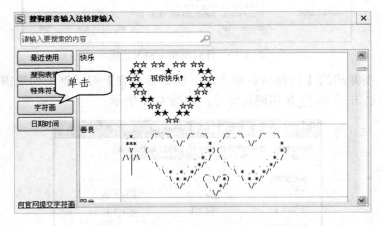

图 4-28　输入网络语言的表情符号

步骤 4：使用搜狗拼音输入法还可以输入一些漂亮的字符画，在快捷菜单中选择【字符画】命令，或者在对话框左侧单击 字符画 按钮，然后单击所需要的字符画即可，如图 4-29 所示。

图 4-29　输入网络使用的字符画

步骤 5：输入完特殊字符以后，关闭对话框即可。

4.3.4　使用模糊音输入

模糊音输入是搜狗拼音输入法的一大特色，它是专门为容易混淆某些音节的人所设计的，例如，有一个绕口令"四是四，十是十，十四是十四，四十是四十"，它就是训练模糊音"s"与"sh"的。在日常生活中，很多人分不清这两个拼音，为了确保输入的正确，搜狗拼音输入法允许使用模糊音输入。开启模糊音功能后，键入拼音"si"时，候选窗口中会同时提供拼音"si"和"shi"的汉字。

开启模糊音输入功能的操作步骤如下：

步骤 1：在输入状态条上单击鼠标右键，在弹出的快捷菜单中选择【设置属性】命令。

步骤 2：在弹出的【搜狗拼音输入法设置】对话框中单击左侧的 **高级** 按钮，然后在【智能输入】选项组中单击 **模糊音设置** 按钮，如图 4-30 所示。

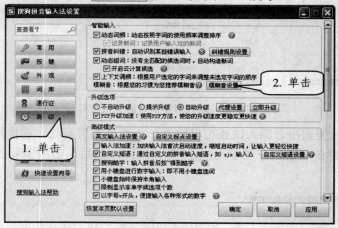

图 4-30　开启模糊音输入功能

步骤 3：在弹出的【搜狗拼音输入法—模糊音设置】对话框中勾选需要支持的模糊音，然后依次单击 **确定** 按钮确认即可，如图 4-31 所示。

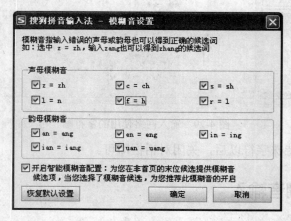

图 4-31　【搜狗拼音输入法—模糊音设置】对话框

4.3.5 修改候选词个数

搜狗拼音输入法默认的候选词是 5 个，首词(即候选词中的第一个词)命中率和传统的输入法相比已经大大提高，基本能够满足绝大多数的录入需求。实际上，搜狗拼音输入法提供了 3～9 个候选词设置，用户可以根据需要进行设置。具体操作步骤如下：

步骤 1：在输入状态条上单击鼠标右键，在弹出的快捷菜单中选择【设置属性】命令。

步骤 2：在弹出的【搜狗拼音输入法设置】对话框中单击左侧的 外观 按钮，然后在【显示模式】选项组中设置【候选项数】的值，选择范围是 3～9，如图 4-32 所示。

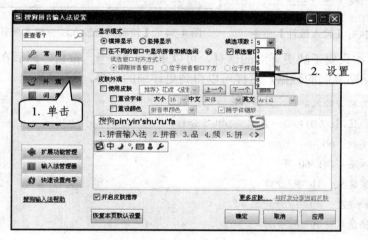

图 4-32 设置候选词个数

步骤 3：单击 确定 按钮，即可修改输入法的候选词个数。

4.3.6 统计输入速度

搜狗拼音输入法提供了一个统计用户输入字数的功能，可以测试用户的打字速度。如果用户在使用搜狗拼音输入法录入文件的过程中，想要查看自己的打字速度，可以按如下步骤操作：

步骤 1：在输入状态条上单击鼠标右键，在弹出的快捷菜单中选择【输入统计】命令，如图 4-33 所示。

步骤 2：在打开的【搜狗拼音输入法—输入统计】对话框中将显示一条曲线，其纵坐标代表了每分钟输入的字数，如图 4-34 所示。

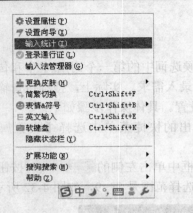

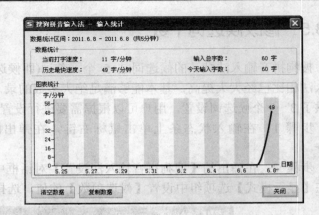

图 4-33 执行【输入统计】命令　　　　图 4-34 【搜狗拼音输入法—输入统计】对话框

步骤 3：如果要了解更详细的信息，可以单击 复制数据 按钮，然后在 Word 文档中按下 Ctrl+V 键粘贴复制的数据，这样可以得到更详细的信息。

--- 搜狗拼音输入法输入统计数据 ----

数据统计区间：2011.6.8 ~ 2011.6.8(共 5 分钟)

输入总字数：60 字

今日输入总字数：60 字

当前打字速度：11 字/分钟

今天最快速度：49 字/分钟

历史最快速度：49 字/分钟

学着管理自己的电脑

本 章 要 点

- ■ 认识文件与文件夹
- ■ 浏览电脑中的文件
- ■ 管理文件与文件夹
- ■ 使用回收站
- ■ 管理磁盘

如果把一台电脑比作一个房间，那么文件就相当于房间中的物品。刚开始新房间是空荡荡的，随着时间的推移，物品会越来越多，如果不善于管理，房间就会凌乱不堪。同样，电脑也是如此，当文件越来越多时，如果管理不善，就会造成工作效率降低，甚至影响电脑的运行速度。所以，一定要学会管理自己的电脑，始终让自己的电脑处于一种井然、高效的工作状态。

📖 5.1 认识文件与文件夹

文件与文件夹是 Windows 操作系统中的两个概念，初学者首先要理解它们，这样比较有利于管理电脑。本节我们将学习文件与文件夹的相关知识。

5.1.1 什么是文件

文件是指存储在电脑中的一组相关数据的集合。这里可以这样理解：电脑中出现的所有数据都可以称为文件，比如程序、文档、图片、动画、电影等。

文件分为系统文件和用户文件，一般情况下，操作者不能修改系统文件的内容，但可以根据需要创建或修改用户文件。

为了区别不同的文件，每一个文件都有唯一的标识，称为文件名。文件名由名称和扩展名两部分组成，两者之间用分隔符 "." 分开，即 "名称.扩展名"，例如 "课程表.doc"，其中 "课程表" 为名称，由用户定义，代表了一个文件的实体；而 ".doc" 为扩展名，由电脑系统自动创建，代表了一种文件类型。

一般情况下，一个文件(用户文件)名称可以任意修改，但扩展名不可修改。在命名文件时，文件名要尽可能精炼达意。在 Windows 操作系统下命名文件时，要注意以下几项：

➥ Windows XP 支持长文件名，最长可达 256 个有效字符，不区分大小写。

➥ 文件名称中可以有多个分隔符 "."，以最后一个作为扩展名的分隔符。

➥ 文件名称中除开头以外的任何位置都可以有空格。

➥ 文件名称的有效字符包括汉字、数字、英文字母及各种特殊符号等，但文件名中不允许有 /、?、\、*、"、<、> 等。

➥ 在同一位置的文件不允许重名。

扩展名由 1～4 个有效字符组成，命名文件时不需要管它，系统会自动创建。下面是一些常用的扩展名及其含义，如表 5-1 所示。

表5-1　Windows常用的扩展名及其含义

扩展名	含　义	扩展名	含　义
COM	命令文件	EXE	可执行文件
SYS	系统文件	DOC	Word 文件
XLS	Excel 文件	PPT	PowerPoint 文件
BMP	位图文件	TXT	文本文件
JPG	图像文件	RAR	压缩文件

5.1.2　什么是文件夹

文件夹是用来组织和管理磁盘文件的一种数据结构，一个文件夹中可以包含若干个文件和子文件夹，也可以包含打印机、字体以及回收站中的内容等资源。

文件夹的命名与文件的命名规则相同，但是文件夹通常没有扩展名，其名字最好是易于记忆、便于组织管理的名称，这样有利于查找文件。

对文件夹进行操作时，如果没有指明文件夹，则所操作的文件夹称为当前文件夹。当前文件夹是系统默认的操作对象。

5.1.3　文件与文件夹的关系

文件与文件夹之间是包含与被包含的关系，如果把文件比作生活中的物品，那么文件夹就相当于盛放东西的柜子，如图 5-1 所示。

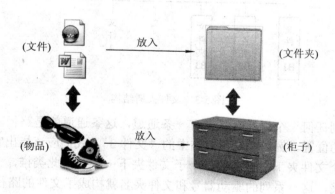

（文件）　　　放入　　　（文件夹）

（物品）　　　放入　　　（柜子）

图 5-1　文件与文件夹的类比

与柜子不同的是，文件夹中还可以再盛放文件夹，这时的文件夹称为子文件夹。实际上，文件夹的概念是非常形象的，它与传统办公中的文件夹很相似，打开它可以看到其中包含着各种文件或者子文件夹；关闭它时只是一个文件夹图标，如图 5-2 所示。

关闭状态

打开状态

图 5-2　文件夹的状态

5.1.4　文件的路径

由于文件夹与文件、文件夹与文件夹之间是包含与被包含的关系，这样一层一层地包含下去，就形成了一个树状的结构。我们把这种结构称为"文件夹树"，这是一种非常形象的叫法，其中"树根"就是电脑中的磁盘，"树枝"就是各级子文件夹，而"树叶"就是文件，如图 5-3 所示。

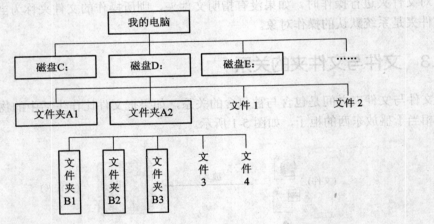

图 5-3　文件夹树结构

从树根出发到任何一个树叶有且仅有一条通道，这条通道就是路径。路径用于指定文件在文件夹树中的位置。例如，对于电脑中的"文件 3"，我们应该指出它位于哪一个磁盘驱动器下，哪一个文件夹下，甚至哪一个子文件夹下……，依此类推，一直到指向最终包含该文件的文件夹，这一系列的驱动器号和文件夹名就构成了文件的路径。

电脑中的路径以反斜杠"\"表示，例如，有一个名称为"photo.jpg"的文件，位于 C 盘的"图像"文件夹下的"照片"子文件夹中，那么它的路径就可以写为"C：\图像\照片\ photo.jpg"。

📖 5.2　浏览电脑中的文件

电脑中所有的操作都离不开文件，文件操作与管理是 Windows 的核心。所以，首先要学会如何浏览电脑中的文件。在 Windows XP 操作系统中，用户可以通过【我的电脑】窗口或【资源管理器】窗口来浏览电脑中的各种资源。

5.2.1　两个重要的窗口

在 Windows XP 中，【我的电脑】窗口和【资源管理器】窗口是管理文件的重要工具，承担着浏览、查看、选择、操作文件等功能。实际上两者是相同的，功能也是一样的，只是个人的使用习惯不同。

通常情况下，大多数刚接触电脑的用户喜欢使用【我的电脑】窗口，而对电脑稍微熟悉的用户，更偏爱使用【资源管理器】窗口。下面，我们从界面上区分一下两者有何不同，又是如何殊途同归的。

在桌面上双击"我的电脑"图标，可以打开【我的电脑】窗口，如图 5-4 所示。如果在"我的电脑"图标上单击鼠标右键，在弹出的快捷菜单中选择【资源管理器】命令，可以打开【资源管理器】窗口，如图 5-5 所示。

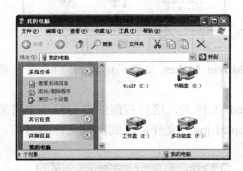
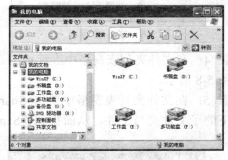

图 5-4　【我的电脑】窗口　　　　　图 5-5　【资源管理器】窗口

从上面的两个图中可以看出，两个窗口的基本构成相同，但是，【资源管理器】窗口分为左、右窗格，左侧为磁盘与文件夹列表，右侧为当前文件夹中的内容；而【我的电脑】窗口则是单窗格显示配合左侧的任务列表。

在【我的电脑】窗口中，单击工具栏中的  按钮，就会惊奇地发现它变成了【资源管理器】窗口。所以说，打开了【我的电脑】窗口，实际上也就相当于打开了【资源管理器】窗口，两者在本质上是相同的，只是打开的方法不同而已。

5.2.2 浏览硬盘中的文件

浏览文件实质上就是根据文件的路径查找文件的过程，通过【资源管理器】窗口可以很方便地完成。假设浏览 C:\Program Files\Movie Maker\Shared 下的 Sample1.jpg 文件，具体操作步骤如下：

步骤 1：在桌面的"我的电脑"图标上单击鼠标右键，在弹出的快捷菜单中选择【资源管理器】命令，打开【资源管理器】窗口。

步骤 2：单击 C 盘前面的"+"号，则在文件夹列表窗格中展开了 C 盘中的内容，同时"+"号变成"-"号，如图 5-6 所示。

步骤 3：在文件夹列表窗格中继续单击 Program Files 文件夹前面的"+"号，将它展开，如图 5-7 所示。

图 5-6　展开 C 盘　　　　　　　　　　　图 5-7　继续展开子文件夹

步骤 4：在文件夹列表窗格中继续单击 Movie Maker 文件夹前面的"+"号，将它展开，如图 5-8 所示。

步骤 5：在文件夹列表窗格中单击 Shared 文件夹，这时右侧的内容窗格中将显示该文件夹下的子文件夹与文件，从而找到"Sample1.jpg"文件，达到浏览文件的目的，如图 5-9 所示。

图 5-8　继续展开子文件夹　　　　　　　图 5-9　找到目标文件

重点提示

通过前面的操作，我们查找到了目标文件，实际上，这也是浏览文件的一般方法。在地址栏中会显示出目标文件的完整路径，对于上面的例子而言，路径是 C:\Program Files\Movie Maker\Shared。

5.2.3　浏览其他存储设备上的文件

有时候要浏览的文件可能存储在其他设备上，如光盘、U 盘或移动硬盘等，其浏览方法与前面一致。但前提是必须将光盘放入光驱中，或者将 U 盘、移动硬盘接入电脑。下面以 U 盘为例，假设 U 盘中有一个"主界面.jpg"文件，存储在"mmedia\userface"文件夹下。浏览方法如下：

步骤 1：把 U 盘插到电脑的通用串行总线(USB)接口上，如图 5-10 所示(注意，有的电脑提供了前置 USB接口)。

图 5-10　插入 U 盘

步骤 2：打开【资源管理器】窗口，可以看到新增了一个磁盘，名称为"可移动磁盘"或 U 盘的品牌名称，如图 5-11 所示。

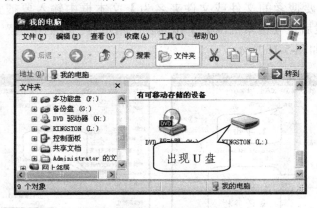

图 5-11　新增的可移动磁盘

步骤 3：在文件夹列表窗格中单击 KINGSTON(L)盘前面的"+"号，将它展开，同时"+"号变成"-"号，如图 5-12 所示。

步骤 4：在文件夹列表窗格中继续单击 mmedia 文件夹前面的"+"号，将它展开，然后再单击 userface 文件夹，在右侧窗格中就可以看到"主界面.jpg"文件，从而达到浏览文件的目的，如图 5-13 所示。

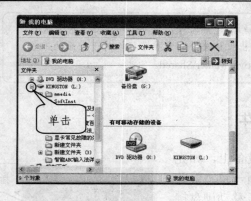
图 5-12　展开 U 盘

图 5-13　找到的文件

5.2.4　查找文件与文件夹

当电脑中的文件过多或搁置时间较长时，很容易忘记当初存放文件的位置。如果忘记了文件存放的位置，但是还知道文件的名称，这时可以按照如下方法查找文件。

步骤 1：在【资源管理器】窗口中单击 搜索 按钮，这时文件夹列表窗格变成了"搜索任务栏"，如图 5-14 所示。

步骤 2：在【要搜索的文件或文件夹名为】文本框中输入要搜索的文件名称，如"Sample1.jpg"，然后在【搜索范围】下拉列表中指定对"我的电脑"进行搜索，即对整机进行全面搜索，如图 5-15 所示。

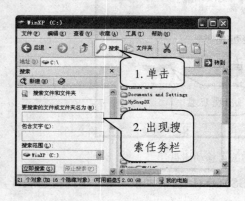
图 5-14　打开搜索任务栏

图 5-15　确定搜索目标与范围

步骤 3：单击"搜索任务栏"下方的 立即搜索(S) 按钮，则开始搜索，状态栏会显示搜索进程，右侧的内容窗格显示"正在搜索"字样，如图 5-16 所示。

步骤 4：搜索完成后，所有的搜索结果会显示在内容窗格中，如图 5-17 所示。

图 5-16　搜索正在进行　　　　　　　　　图 5-17　搜索结果

5.2.5　不同的视图方式

在【资源管理器】窗口中，文件和文件夹通过图标来表示，即用图标显示文件和文件夹，用户可以选择"缩略图"、"平铺"、"图标"、"列表"和"详细信息"等显示方式。具体操作方法如下：

步骤 1：打开【资源管理器】窗口。

步骤 2：打开【查看】菜单，选择其中的一种显示方式，如图 5-18 所示。在工具栏中单击"查看"按钮，可以打开一个按钮菜单，从中也可以选择图标的显示方式，如图 5-19 所示。两种操作方式的结果是一样的。

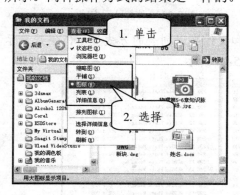
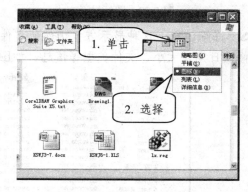

图 5-18　通过菜单改变视图方式　　　　　图 5-19　通过按钮改变视图方式

➥ **缩略图：**这种显示方式一般用于图片、影像类型的文件，可以直接预览效果，如图 5-20 所示。

☑ **平铺**：这种显示方式使文件和文件夹以较大的图标，按照从左到右的顺序排列，文件名显示在图标右侧，如图 5-21 所示。

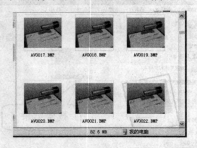

图 5-20　缩略图显示方式

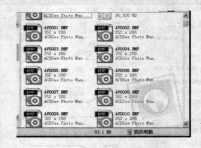

图 5-21　平铺显示方式

☑ **图标**：这种显示方式与"平铺"方式基本相同，但是文件名显示在图标的下方，如图 5-22 所示。

☑ **列表**：这种显示方式使文件和文件夹以较小的图标显示，按照从上到下的顺序排列，如图 5-23 所示。

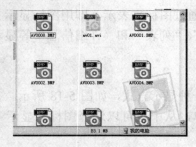

图 5-22　图标显示方式

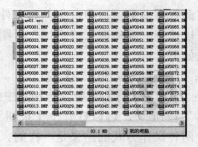

图 5-23　列表显示方式

☑ **详细信息**：这种显示方式仍然使文件和文件夹以列表的方式显示，但是显示了文件的修改日期、大小、文件类型等信息，如图 5-24 所示。

图 5-24　详细信息显示方式

📖 5.3　管理文件与文件夹

随着电脑使用时间的推移，文件会越来越多，有系统自动产生的，也有用户创建的，所以必须有效地管理好这些文件。主要包括新建、删除、移动、复制、重命名等操作，通过这些操作，对文件进行有选择地取舍、有秩序地存放。

5.3.1　新建文件与文件夹

当用户需要保存文件或者对文件进行分类管理时，这时就会涉及到创建文件与文件夹。在 Windows XP 操作系统下，用户可以根据需要自由创建文件与文件夹。

1．创建文件夹

文件夹的作用就是存放文件，可以对文件进行分类管理。创建新文件夹的操作方法如下：

步骤 1：打开【资源管理器】窗口。

步骤 2：在文件夹列表窗格中选择要在其中创建新文件夹的磁盘或文件夹。

步骤 3：单击菜单栏中的【文件】/【新建】/【文件夹】命令，即可在指定位置创建一个新的文件夹，如图 5-25 所示。

步骤 4：创建了新的文件夹后，可以直接输入文件夹名称，按下回车键或在名称以外的位置处单击鼠标，即可确认文件夹的名称，如图 5-26 所示。

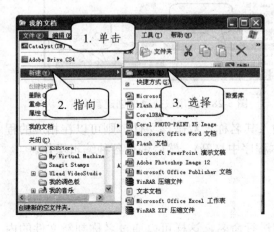
图 5-25　执行【文件夹】命令

图 5-26　新创建的文件夹

重点提示 还有另外两种创建文件夹的方法：一是打开【资源管理器】窗口，在内容窗格中的空白位置处单击鼠标右键，在弹出的快捷菜单中选择【新建】/【文件夹】命令；二是单击工具栏中的 文件夹 按钮，打开系统任务窗格，单击"创建一个新文件夹"文字链接。

2. 创建新文件

通常情况下，不需要在 Windows XP 操作环境下直接创建新文件，而是先启动相应的应用程序，再通过单击【文件】/【新建】命令创建新文件，然后将其保存，这样就可以在【资源管理器】窗口中看到新生成的文件。

但是，在 Windows XP 操作环境下也可以创建新文件。下面以创建文本文件为例，介绍创建新文件的具体操作方法。

步骤 1：打开【资源管理器】窗口。

步骤 2：切换到存放文件的目标位置，可以是磁盘或文件夹。

步骤 3：通过两种方法来创建新文件：一是单击菜单栏中的【文件】/【新建】/【文本文档】命令，如图 5-27 所示；二是在内容窗格的空白位置处单击鼠标右键，在弹出的快捷菜单中选择【新建】/【文本文档】命令，如图 5-28 所示。

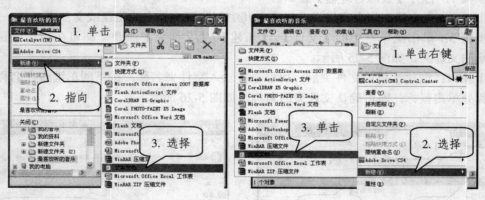

图 5-27 使用菜单创建新文件　　　图 5-28 使用快捷菜单创建新文件

步骤 4：创建了新文件之后，可以直接输入其名称。双击该文件，则可以在相应的程序中打开该文件(本例中的文本文件将在记事本程序中打开)，然后进行各种编辑操作。

5.3.2 重命名文件与文件夹

在管理文件与文件夹时，应该根据其内容进行命名，这样可以通过名称判断文件的内容。如果需要更改已有文件或文件夹的名称，则可以按照如下步骤进行操作：

步骤 1：选择要更改名称的文件或文件夹。

步骤 2：使用下列方法之一激活文件或文件夹的名称。

➥　单击文件或文件夹的名称。

➥　单击菜单栏中的【文件】/【重命名】命令。

➥　在文件或文件夹名称上单击鼠标右键，在弹出的快捷菜单中选择【重命名】命令。

➥　按下 F2 键。

步骤 3：输入新的名称，然后按下回车键确认。在输入新名称时，扩展名不要随意更改，否则会影响文件的类型，导致打不开文件。

重点提示

　　在 Windows XP 中，用户可以对文件或文件夹进行批量重命名：选择多个要重命名的文件或文件夹，在所选对象上单击鼠标右键，在弹出的快捷菜单中选择【重命名】命令，输入新名称后按下回车键，则所有被选择的文件或文件夹都将使用输入的新名称按顺序命名。

5.3.3　选择文件与文件夹

对文件与文件夹进行操作前必须先选定操作对象。如果要选定某个文件或文件夹，只需用鼠标在【资源管理器】窗口中单击该对象即可将其选定，这时选定的文件或文件夹反白显示(即蓝底白字)。

1. 选定多个相邻的文件或文件夹

要选定多个相邻的文件或文件夹，有两种方法可以实现。最简单的方法是直接使用鼠标进行框选，这时被鼠标框选的文件或文件夹将同时被选择，如图 5-29 所示。

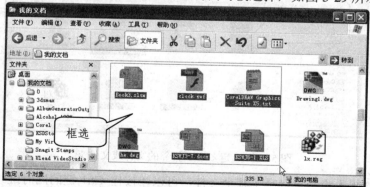

图 5-29　框选文件或文件夹

另外一种选定多个相邻的文件或文件夹的方法如下：

步骤 1：单击要选定的第一个文件或文件夹。

步骤 2：按住 Shift 键的同时，单击要选定的最后一个文件或文件夹，这时两者之间的所有文件或文件夹均被选择，如图 5-30 所示。

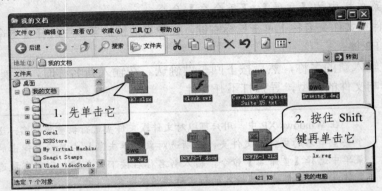

图 5-30　选择多个相邻的文件或文件夹

2．选定多个不相邻的文件或文件夹

要选定多个不相邻的文件或文件夹，可以按照下述步骤操作：

步骤 1：单击要选定的第一个文件或文件夹。

步骤 2：按住 Ctrl 键的同时分别单击其他要选定的文件或文件夹，即可选定多个不相邻的文件或文件夹，如图 5-31 所示。

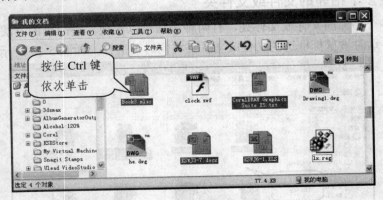

图 5-31　选定多个不相邻的文件或文件夹

步骤 3：如果不小心多选择了某个文件，可以在按住 Ctrl 键的同时继续单击该文件，则可以取消选择。

在【资源管理器】窗口中选择了部分文件或文件夹后，单击菜单栏中的【编辑】/【反向选择】命令，可以反向选择其他的文件或文件夹，即原来选择的文件被取消选择，而未被选择的文件却被选中。

3. 选定全部文件与文件夹

　　如果要在某个文件夹下选择全部的文件与子文件夹，可以单击菜单栏中的【编辑】/【全部选定】命令，或者按下 Ctrl+A 键。

5.3.4　复制和移动文件与文件夹

　　在实际应用中，有时用户需要将某个文件或文件夹复制或移动到其他地方，以方便使用，这时就需要用到复制或移动操作。复制和移动操作基本相同，只不过两者完成的任务不同。复制是创建一个文件或文件夹的副本，原来的文件或文件夹仍存在；移动就是将文件或文件夹从原来的位置移走，放到一个新位置。

1. 使用拖动的方法

　　如果要使用鼠标拖动的方法复制或移动文件和文件夹，可以按照下述步骤操作。

　　步骤 1：选择要复制或移动的文件与文件夹。

　　步骤 2：将光标指向所选的文件与文件夹，如果要复制，则按住 Ctrl 键的同时向目标文件夹拖动鼠标，这时光标的右下角出现一个"+"号，表示现在是复制文件。当光标拖动到目标文件夹右侧时，则该文件夹反白显示，如图 5-32 所示。

图 5-32　复制文件

　　步骤 3：如果要移动，则不需要按住 Ctrl 键，直接按住鼠标左键向目标文件夹拖动鼠标，当光标移动到目标文件夹右侧时该文件夹反白显示，如图 5-33 所示。

图 5-33 移动文件

步骤 4：释放鼠标左键，即可完成文件或文件夹的复制或移动操作。

2. 使用【复制(剪切)】与【粘贴】命令

如果要使用菜单命令复制或移动文件和文件夹，可以按照下述步骤操作：

步骤 1：选择要复制或移动的文件和文件夹。

步骤 2：单击菜单栏中的【编辑】/【复制(剪切)】命令，将所选的内容送至 Windows 剪贴板中。

步骤 3：选择目标文件夹。

步骤 4：单击菜单栏中的【编辑】/【粘贴】命令，则所选的内容将被复制或移动到目标文件夹中。

重点提示

> 使用菜单命令复制(或移动)文件和文件夹是最容易理解的操作。除此之外，也可以在快捷菜单中执行【复制】、【剪切】与【粘贴】命令，当然，还可以单击工具栏中的"复制"按钮、"剪切"按钮与"粘贴"按钮。

3. 使用【复制(移动)到文件夹】命令

除了前面介绍的两种方法之外，用户还可以利用【编辑】/【移动到文件夹】命令复制或移动文件和文件夹，具体操作步骤如下：

步骤 1：选择要复制或移动的文件和文件夹。

步骤 2：单击菜单栏中的【编辑】/【复制(移动)到文件夹】命令，如图 5-34 所示。

步骤 3：在弹出的【移动项目】对话框中选择目标文件夹，如图 5-35 所示。如果没有目标文件夹，也可以单击 新建文件夹(M) 按钮，创建一个新目标文件夹。

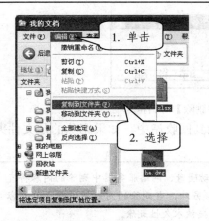

图 5-34　执行【复制(移动)到文件夹】命令　　　　图 5-35　选择目标文件夹

如果这里执行的是【复制(移动)到文件夹】命令，则出现【移动项目】对话框，可以将选择的文件或文件夹移动到目标文件夹中。

重点提示

步骤 4：单击 复制 按钮或 移动 按钮，在弹出的【正在复制】消息框中显示了复制操作的进程与剩余时间，如图 5-36 所示，该消息框消失后，即可完成复制或移动操作。

图 5-36　【正在复制】与【正在移动】消息框

5.3.5　删除文件与文件夹

经过长时间的工作，电脑中总会出现一些没用的文件。这样的文件多了，就会占据大量的磁盘空间，影响电脑的运行速度。因此，对于一些不再需要的文件或文件夹，应该将它们从磁盘中删除，以节省磁盘空间，提高计算机的运行速度。

删除文件或文件夹的操作步骤如下：

步骤 1：选择要删除的文件或文件夹。

步骤 2：按下 Delete 键，或者单击菜单栏中的【文件】/【删除】命令，则弹出【确认文件删除】对话框，如图 5-37 所示。

图 5-37 【确认文件删除】对话框

步骤 3：单击 是(Y) 按钮，则将文件删除到回收站中。如果删除的是文件夹，则它所包含的子文件夹和文件将一并被删除。

重点提示

　　值得注意的是，从 U 盘、可移动硬盘、网络服务器中删除的内容将直接被删除，回收站不接收这些文件。另外，当删除的内容超过回收站的容量或者回收站已满时，这些文件将直接被永久性删除。

5.4 使用回收站

回收站可以看作是办公桌旁边的废纸篓，只不过它回收的是硬盘驱动器上的内容。只要没有清空回收站，我们就可以查看回收站中的内容，并且可以还原。但是一旦清空了回收站，其中的内容将永久性消失，不可以还原了。

5.4.1 还原被删除的文件

如果要将已删除的文件或文件夹还原，可以按如下步骤操作：

步骤 1：双击桌面上的"回收站"图标，打开【回收站】窗口，该窗口中显示了回收站中的所有内容。

步骤 2：如果要全部还原，则不需要做任何选择，直接单击左侧的"还原所有项目"文字链接即可，如图 5-38 所示。

图 5-38 还原所有项目

步骤 3：如果只需要还原一个或几个文件，则在【回收站】窗口中选择要还原的文件，然后单击菜单栏中的【文件】/【还原】命令(或者在所选内容上单击鼠标右键，从弹出的快捷菜单中选择【还原】命令)，就可以将删除的文件还原，如图 5-39 所示。

图 5-39　还原文件的操作

在回收站中，文件与文件夹的还原遵循"哪儿来哪儿去"的原则，即文件或文件夹原来是从哪个位置删除的，还原的时候还回到哪个位置去。

重点提示

5.4.2　清空回收站

当用户确信回收站中的某些或全部信息已经无用，可以将这些信息彻底删除。如果要清空整个回收站，可以按如下步骤操作：

步骤 1：双击桌面上的"回收站"图标，打开【回收站】窗口。

步骤 2：单击菜单栏中的【文件】/【清空回收站】命令，或者单击左侧的"清空回收站"文字链接，如图 5-40 所示。

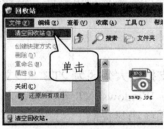

图 5-40　清空回收站的操作

步骤 3：这时弹出一个提示信息框，要求用户进行确认，单击 是(Y) 按钮，即可清空回收站，将文件或文件夹彻底从硬盘中删除，如图 5-41 所示。

还有一种更快速的清空回收站的方法，直接在桌面上的"回收站"图标上单击鼠标右键，在弹出的快捷菜单中选择【清空回收站】命令，如图 5-42 所示。

图 5-41　提示信息框　　　　　　　图 5-42　在桌面上直接清空回收站

📖 5.5　管理磁盘

Windows XP 提供了很多简单易用的系统工具，这使得管理磁盘不再是一件困难的事。用户可以随时对磁盘进行相关的操作，使磁盘驱动器保持在最佳的工作状态。本节中我们将重点介绍 Windows XP 的磁盘管理功能，例如格式化磁盘、查看磁盘属性、磁盘清理等。

5.5.1　文件系统

电脑使用文件系统控制磁盘上存储文件信息的方式，Windows XP 操作系统支持 FAT16、FAT32 和 NTFS 三种文件系统。

1．FAT16 文件系统

FAT16 文件系统又称为 FAT 文件系统，主要用于容量较小的硬盘，支持最大分区为 2GB。大多数操作系统都支持这种文件系统，其特点是磁盘利用率低，浪费磁盘空间，当分区较大时，访问速度明显减慢。

2．FAT32 文件系统

FAT32 文件系统主要用于容量较大的硬盘，支持最大分区为 2TB。该文件系统下的文件可以被 Windows 9x 以上的操作系统访问，但与 Windows NT 不兼容。其特点是磁盘利用率高，尤其当分区较大时，性能比 FAT16 文件系统明显提高。

3．NTFS 文件系统

NTFS 文件系统最初是用于 Windows NT 操作系统的高级文件系统，支持最大分区为 2TB。该文件系统下的文件可以被 Windows NT/2000/XP 系统访问，但 Windows 9x 无法识别 NTFS 分区。其特点是除了具有 FAT 文件系统功能外，还支持文件系统故障恢复、数据恢复以及更好的磁盘压缩性能。

Windows XP 系统可以把 FAT 文件系统转换为 NTFS 文件系统，而且在转换过程中数据不会丢失。

5.5.2　格式化磁盘

使用新磁盘之前都要先对磁盘进行格式化。格式化操作将为磁盘创建一个新的文件系统，包括引导记录、分区表以及文件分配表等，使得磁盘的空间能够被重新利用。下面以格式化 U 盘为例，介绍格式化磁盘的操作方法。

步骤 1：将 U 盘插入 USB 接口中。

步骤 2：在桌面上双击"我的电脑"图标，打开【我的电脑】窗口。

步骤 3：选择要格式化的 U 盘图标，单击鼠标右键，在弹出的快捷菜单中选择【格式化】命令(或者单击菜单栏中的【文件】/【格式化】命令)，这时将弹出【格式化】对话框，如图 5-43 所示。

在对话框中设置格式化磁盘的相关选项。

➥ **容量**：用于选择要格式化磁盘的容量，Windows XP 将自动判断容量。

➥ **文件系统**：用于选择文件系统的类型，一般应为 FAT32 格式。

➥ **分配单元大小**：用于指定磁盘分配单元的大小或簇的大小，推荐使用默认设置。

➥ **卷标**：用于输入卷的名称，以便今后识别。卷标最多可以包含 11 个字符(包含空格)。

➥ **格式化选项**：用于选择格式化磁盘的方式。

步骤 4：单击 开始(S) 按钮，则开始格式化 U 盘。当下方的进度条达到 100%时，表示完成格式化操作，如图 5-44 所示。

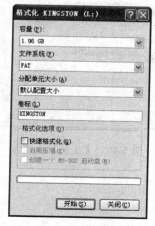
图 5-43　【格式化】对话框

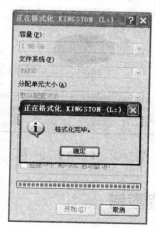
图 5-44　完成格式化操作

步骤 5：单击 确定 按钮，然后关闭【格式化】对话框即可。

格式化操作是破坏性的，所以格式化磁盘之前，一定要对重要资料进行备份，没有十足的把握不要轻易格式化磁盘，特别是电脑中的硬盘。

重点提示

5.5.3 查看磁盘属性

有时我们需要查看磁盘的容量与剩余空间，甚至需要改变磁盘驱动器的名称。这时可以通过磁盘的【属性】对话框完成。具体操作步骤如下：

步骤 1：打开【我的电脑】窗口或【资源管理器】窗口。

步骤 2：在要查看磁盘属性的驱动器图标上单击鼠标右键，在弹出的快捷菜单中选择【属性】命令，则弹出【属性】对话框，如图 5-45 所示。

步骤 3：通过该对话框可以了解磁盘的总容量、空间的使用情况、采用的文件系统等基本属性；也可以重新命名磁盘驱动器，或者单击 磁盘清理(D) 按钮对磁盘进行清理。

步骤 4：切换到【工具】选项卡，还可以对该磁盘进行查错、碎片整理、备份等操作，如图 5-46 所示。

图 5-45 【属性】对话框

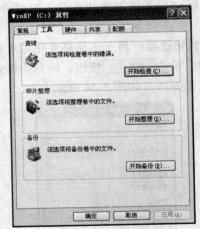

图 5-46 【工具】选项卡

5.5.4 磁盘查错

当使用电脑一段时间以后，由于频繁地向硬盘上安装程序、删除程序、存入文件、删除文件等，可能会产生一些逻辑错误，这些逻辑错误会影响用户的正常使用，如报告磁盘空间不正确、数据无法正常读取等，利用 Windows XP 的磁盘查错功能可以有效地解决上述问题。具体操作方法如下：

　　步骤 1：打开【我的电脑】窗口，在需要查错的磁盘上单击鼠标右键，从弹出的快捷菜单中选择【属性】命令，如图 5-47 所示。

　　步骤 2：在打开的【属性】对话框中切换到【工具】选项卡，单击 开始检查(C)... 按钮，如图 5-48 所示。

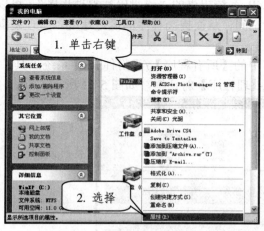

图 5-47　执行【属性】命令

图 5-48　开始检查

　　步骤 3：在弹出的【检查磁盘】对话框中有两个选项，其中，【自动修复文件系统错误】主要是针对系统文件进行保护性修复，初学者可以不用管它，只选中下方的选项即可，然后单击 开始(S) 按钮，如图 5-49 所示。

　　步骤 4：磁盘管理程序开始检查磁盘，这个过程不需要操作，等待一会儿，将出现磁盘检查结果，如果有错误则加以修复；如果没有错误，单击 确定 按钮即可，如图 5-50 所示。

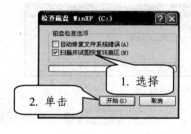

图 5-49　设置检查选项

图 5-50　检查结果

磁盘检查程序事实上是磁盘的初级维护工具，建议用户定期(如每一个月或两个月)检查磁盘。另外，如果觉得磁盘有问题，也要先运行磁盘检查程序进行查找。

5.5.5 磁盘碎片整理

在使用电脑的过程中，由于经常对文件或文件夹进行移动、复制和删除等操作，在磁盘上会形成一些物理位置不连续的磁盘空间，即磁盘碎片，这样，由于文件不连续，所以会影响文件的存取速度。使用 Windows XP 系统提供的"磁盘碎片整理程序"，可以重新安排文件在磁盘中的存储位置，合并可用空间，从而提高程序的运行速度。整理磁盘碎片的具体操作步骤如下：

步骤 1：打开【开始】菜单，执行其中的【所有程序】/【附件】/【系统工具】/【磁盘碎片整理程序】命令，打开【磁盘碎片整理程序】对话框，如图 5-51 所示。

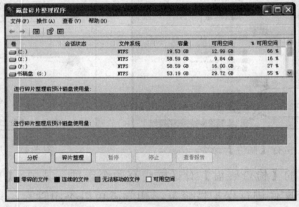

图 5-51 【磁盘碎片整理程序】对话框

步骤 2：在对话框上方的列表中选择要整理碎片的磁盘，单击 分析 按钮，这时系统将对所选磁盘进行分析，并给出分析建议，如图 5-52 所示是系统对两个磁盘分析后给出的分析建议。

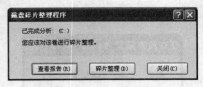 

图 5-52 碎片整理程序的分析建议

步骤 3：根据分析建议，对 C 盘进行碎片整理，单击 碎片整理(D) 按钮，系统开始整理碎片，如图 5-53 所示。

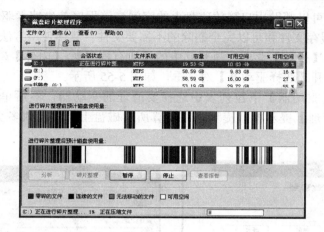

图 5-53　磁盘碎片整理的过程

步骤 4：整理碎片时需要的时间比较长，完成整理后，在【磁盘碎片整理程序】对话框中将显示整理结果，如图 5-54 所示。

图 5-54　整理结果

需要注意的是，在整理磁盘碎片时应耐心等待，不要中途停止。最好关闭所有的应用程序，不要进行读、写操作，如果对整理的磁盘进行了读、写操作，磁盘碎片整理程序将重新开始整理。

5.5.6　磁盘清理

Windows 在使用特定的文件时，会将这些文件保留在临时文件夹中；浏览网页的时候会下载很多临时文件；有些程序非法退出时也会产生临时文件……，时间久了，磁盘空间就会被过度消耗。如果要释放磁盘空间，逐一去删除这些文件显然是不现实的，而磁盘清理程序可以有效地解决这一问题。

磁盘清理程序可以帮助用户释放磁盘上的空间，该程序首先搜索驱动器，然后列出临时文件、Internet 缓存文件和可以完全删除的不需要文件。具体使用方法如下：

步骤 1：打开【开始】菜单，执行其中的【所有程序】/【附件】/【系统工具】/【磁盘清理】命令，打开【选择驱动器】对话框，如图 5-55 所示。

步骤 2：在【驱动器】下拉列表中选择要清理的驱动器，然后单击 确定 按钮，这时弹出【磁盘清理】提示框，提示正在计算所选磁盘上能够释放多少空间，如图 5-56 所示。

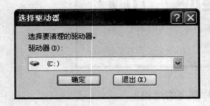

图 5-55　【选择驱动器】对话框　　　　图 5-56　【磁盘清理】提示框

步骤 3：计算完成后，则弹出【***的磁盘清理】对话框，告诉用户所选磁盘的计算结果，如图 5-57 所示。

步骤 4：在【要删除的文件】列表中勾选要删除的文件，然后单击 确定 按钮，即可对所选驱动器进行清理，如图 5-58 所示。

图 5-57　【***的磁盘清理】对话框　　　　图 5-58　磁盘清理过程

第6章

日常文件处理高手——Word

本章要点

- 初识 Word 2007
- Word 2007 的基本操作
- 输入与编辑文本
- 设置文本格式
- 设置段落格式
- 编排图文并茂的文章
- 在文档中插入表格
- 文档页面设置和打印

Word 2007 是专业的文字处理和排版软件，其功能非常强大，可以进行文字处理、表格制作、图形绘制、文档打印等操作，使用它能够完成写作、信函、报告、贺卡制作等任务，无论是在办公领域还是一般的文字处理方面，它都是佼佼者。

本章将学习 Word 2007 的相关知识，首先介绍 Word 2007 的界面以及基本操作，然后进一步介绍输入文本、格式化文本、段落设置以及插入表格、剪贴画、艺术字、打印等操作，让读者能够快速掌握它的使用方法。

📖6.1　初识 Word 2007

Word 2007 是 Microsoft Office 2007 办公软件的重要成员之一，在使用它之前，首先需要启动它，并且认识与了解其工作界面组成。

6.1.1　启动 Word 2007

首先必须确认电脑中已经安装了 Word 2007 软件，然后才能使用它。这里介绍两种启动 Word 2007 程序的方法：一是通过【开始】菜单；二是通过快捷方式图标。

方法一：单击桌面左下角的 ⊞ 开始 按钮，打开【开始】菜单，然后单击【所有程序】/【Microsoft Office】/【Microsoft Office Word 2007】命令，如图 6-1 所示，就可以启动 Word 2007 应用程序，这时 Word 会自动建立一个空文档，进入编辑状态。

图 6-1　启动 Word 2007 程序

方法二：在桌面上双击"Microsoft Office Word 2007"的快捷方式图标，可以快速地启动 Word 2007 应用程序，如图 6-2 所示。

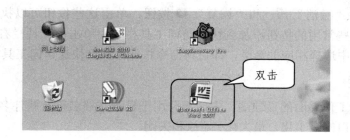

图 6-2　双击快捷方式图标

6.1.2　Word 2007 的工作界面

启动 Word 2007 以后，打开的窗口便是 Word 2007 的工作界面，其工作界面主要由"Office"按钮、快速访问工具栏、标题栏、功能区、文档编辑区和状态栏等部分组成，如图 6-3 所示。

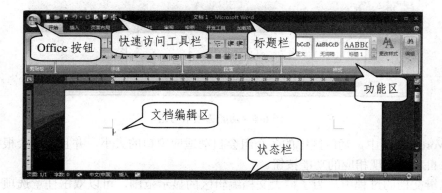

图 6-3　Word 2007 工作界面

1．"Office"按钮

Word 2007 工作界面的左上角是一个非常个性的大按钮，称为"Office"按钮。单击该按钮可以打开"Office"菜单，它分为两列，左侧一列中包含了一些常用的命令，如新建、打开、保存、打印、发送等；右侧一列中显示了最近打开过的文档，主要用于快速打开或查看最近操作过的文档。

2．快速访问工具栏

"Office"按钮右侧为快速访问工具栏，用于显示常用的工具按钮，默认状态下只显示"保存" 、"撤消" 和"恢复" 按钮，单击这些按钮可以执行相应的操作。我们也可以将一些常用的按钮添加到快速访问工具栏中，单击该工具栏右侧的小箭头，在打开的下拉菜单中选择相应的命令，即可将命令按钮添加到快速访问工具栏中。

3．标题栏

标题栏位于工作界面的最顶端，中间部分用于显示文档名称及软件名称，右侧的按钮分别用于控制窗口的最小化、最大化 / 还原和关闭。

4．功能区

Word 2007 取消了菜单的功能，取而代之的是功能区。功能区位于标题栏的下方，由多个选项卡组成，分别为【开始】、【插入】、【页面布局】、【引用】、【邮件】、【审阅】、【视图】、【开发工具】和【加载项】选项卡。

每个选项卡中的按钮按照功能划分为不同的"组"，每个组中有若干的命令按钮，组的名称位于组的下方，有的组右下角有一个小按钮，称为对话框启动器按钮，单击它可以打开对话框或窗格，如图 6-4 所示。

图 6-4　功能选项卡与组

在 Word 2007 中，功能区中的各个组会自动适应窗口的大小，并且有时会根据当前操作的对象自动地出现相应的功能按钮。

在编辑文档的过程中，为了扩大文档编辑区的显示范围，可以双击任意选项卡，将功能区最小化，最小化功能区以后，再双击任意选项卡可以复原。

5．文档编辑区

文档编辑区位于 Word 工作界面的正中央，是输入文本、编辑文本和文档排版的工作区域。当文档内容超出窗口范围时，通过拖动滚动条上的滚动块，可以使文档窗口上下或左右滚动，以显示窗口外被挡住的文档内容。

文档编辑区有多种视图显示状态，如页面视图、普通视图等，可以在【视图】选项卡中对它进行切换与控制。

另外，在垂直滚动条的上方单击"标尺"按钮，可以显示或隐藏标尺。当显示标尺时，可以利用它调整段落缩进、改变表格的宽度、调整页面的大小等。

6. 状态栏

状态栏位于工作界面的最下方,分为左右两部分,左侧用于显示当前文档的状态参数和 Word 的各种信息,如文档的总页数、字数、当前页码等;状态栏的右侧提供了视图的控制按钮 和显示比例调节工具 150% ,使用它们可以切换视图模式,更改视图的显示比例。

6.2 Word 2007 的基本操作

本节中我们主要学习文档的基本操作。在编辑文档内容之前,必须熟练掌握文档的基本操作,如新建文档、打开文档、保存文档、关闭文档等。

6.2.1 新建文档

当要编辑新文档时,需要先创建新文档。一般地,启动 Word 2007 会自动创建一个空白的新文档,并且名称为"文档 1"。再启动该程序,则又创建了一个空白的新文档,名称为"文档 2",依次类推,可以创建"文档 3"、"文档 4"……。

启动了 Word 2007 以后,单击"Office"按钮 ,在打开的"Office"菜单中选择【新建】命令,可以基于模板创建新文档,如图 6-5 所示。

另外,单击快速访问工具栏中的"新建"按钮 或者按下 Ctrl+N 键,也可以快速地创建一个空白的新文档,如图 6-6 所示。

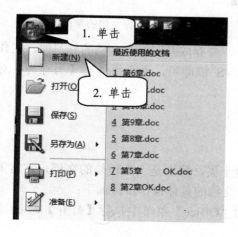

图 6-5 创建新文档

图 6-6 创建空白的新文档

6.2.2 保存文档

编辑完文档之后，一定要保存文档，因为在编辑文档的过程中，一旦断电或非法操作就会前功尽弃。保存文档的操作步骤如下：

步骤 1：单击"Office"按钮 ，打开"Office"菜单，执行其中的【保存】命令(或者按下 Ctrl+S 键)，如果是第一次保存，将弹出【另存为】对话框。

步骤 2：在【保存位置】下拉列表中选择保存文档的位置。

步骤 3：在【文件名】文本框中输入文件名称，如"符号"，然后单击 保存(S) 按钮即可保存文档，如图 6-7 所示。

如果要将一个文档重新命名保存，可以在"Office"菜单中执行【另存为】命令，在其子菜单中选择相应的文档类型，如图 6-8 所示，然后在弹出的【另存为】对话框中完成保存操作。

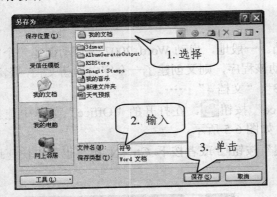

图 6-7 保存文档

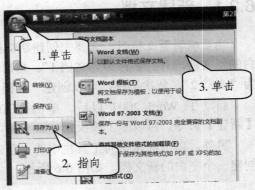

图 6-8 选择文档的保存类型

使用 Word 编辑文档时，为了避免出现意外，要养成及时保存文档的好习惯，工作一段时间后就要保存一次文件，此时只需按下 Ctrl+S 键即可，不会再弹出【另存为】对话框，而是直接保存对文档的修改。

6.2.3 打开文档

一般来说，我们很难一次将文档处理得十全十美，特别是一篇较长的文档，常常需要打开以前保存过的文档，继续输入或修改。打开文档的具体操作步骤如下：

步骤 1：单击"Office"按钮 ，在打开的"Office"菜单中执行【打开】命令(或者按下 Ctrl+O 键)，如图 6-9 所示。

步骤 2：在弹出的【打开】对话框中选择文档的保存位置，在文件列表中选择要打开的文档，单击 打开(O) 按钮，即可打开所选文档，如图 6-10 所示。

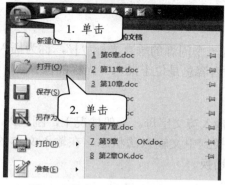

图 6-9　执行【打开】命令　　　　　　　图 6-10　打开所选文档

重点提示　　在 Word 2007 中，新建文件、保存文件、打开文件等操作都可以利用快速访问工具栏进行操作。

6.2.4　关闭文档

完成文档的编辑后，要及时关闭文档或退出 Word，以便于进行其他的工作。单击"Office"按钮 ，在打开的"Office"菜单中执行【关闭】命令，可以关闭当前活动文档。如果当前的 Word 文档没有保存，在关闭文档时会弹出一个提示框，询问是否保存后再退出，如图 6-11 所示。

图 6-11　提示框

其中，单击 是(Y) 按钮可以保存文档；单击 否(N) 按钮不保存文档；单击 取消 按钮则取消关闭操作，返回编辑状态。

关闭文档并不是退出 Word，当关闭了所有的文档以后，Word 窗口中的编辑区变成了一片空白。如果要退出 Word，可以打开"Office"菜单，单击右下方的 × 退出 Word(X) 按钮，也可以双击"Office"按钮 ，或者单击 Word 标题栏右侧的"关闭"按钮 。

📖6.3　输入与编辑文本

掌握了文档的基本操作以后，就可以向文档中输入文本内容了，完成内容的输入以后，还可以对文本进行选择、移动、复制、删除等编辑操作。

6.3.1 输入文本

创建了 Word 文档之后，在编辑区中会出现一个闪烁的垂直光标"**|**"，称为插入点光标，这时就可以向编辑区中输入内容了。输入的内容总是位于插入点光标的位置。

1. 输入文本

在 Word 2007 中既可以输入汉字，也可以输入英文字母。一般情况下，刚进入 Word 时输入法为英文输入法，要输入汉字必须先切换到中文输入法状态。在输入文本的过程中，按下 Ctrl+ 空格键可以在中英文输入法之间切换。

输入文本的基本操作步骤如下。

步骤 1：选择一种中文输入法，在编辑区中输入所需内容，如"留言条"，然后按下回车键换行。

步骤 2：继续输入其他文本。在输入过程中，当文本到达右边界时会自动换行。如果完成了一个自然段的输入，需要按下回车键换行，如图 6-12 所示。

步骤 3：切换到英文输入法，输入"Thank you！"。输入英文时，英文单词之间用空格分开；另外，Word 会自动进行拼写检查，错误的单词下面会显示红色的波浪线，如图 6-13 所示。

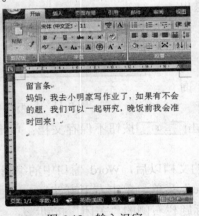

图 6-12　输入汉字

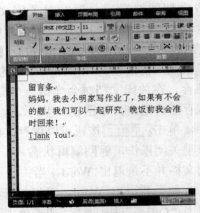

图 6-13　输入英文

2. 插入时间与日期

在录入文字的过程中，如果需要录入时间与日期，除了可以直接输入以外，也可以通过对话框将时间和日期快速插入到文档中，具体操作步骤如下：

步骤1：在需要插入时间与日期的位置处单击鼠标，定位光标。

步骤2：在功能区中切换到【插入】选项卡，在"文本"组中单击 日期和时间 按钮。

步骤3：在弹出的【日期和时间】对话框中将显示当前的日期与时间，在【可用格式】列表中选择所需要的日期或时间格式，如图6-14所示。

步骤4：单击 确定 按钮，则可以按指定的格式插入当前日期，如图6-15所示。

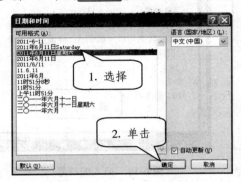

图6-14　选择需要的日期格式

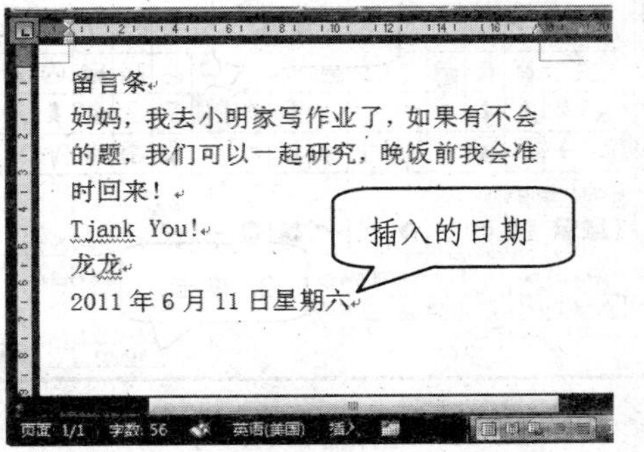

图6-15　插入时间与日期

3．插入符号与特殊符号

使用 Word 输入文本时，经常会用到各种各样的符号，例如人民币符号、温度符号、数学符号、拼音等，这些符号无法通过键盘直接输入，这时可以利用 Word 提供的插入符号功能将所需符号插入到文本中。插入符号的基本操作步骤如下：

步骤1：将光标定位在要插入符号的位置处，例如定位在"留言条"的前面。

步骤2：在【插入】选项卡的"符号"组中单击Ω按钮，在打开的下拉列表中可以选择所需的符号，如图6-16所示，则在光标位置处插入了符号，如图6-17所示。

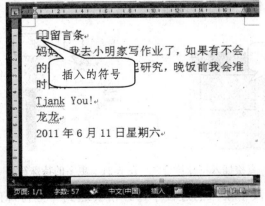

图6-16　选择需要的符号

图6-17　插入的符号

步骤 3：如果打开的下拉列表中没有所需的符号，可以选择【其他符号】选项，这时将弹出【符号】对话框，在【符号】选项卡中选择所需的符号，单击 插入(I) 按钮，如图 6-18 所示，即可将其插入到光标位置处，如图 6-19 所示。

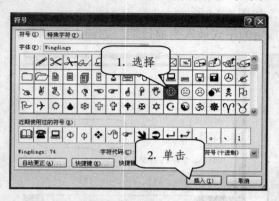

图 6-18 选择需要的符号

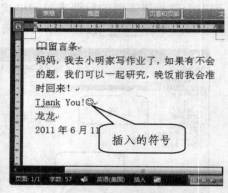

图 6-19 插入的符号

Word 2007 中还提供了一些特殊符号，如标点符号、数学符号、单位符号、数字序号和拼音等。插入特殊符号的操作步骤如下：

步骤 1：将光标定位在要插入特殊符号的位置处。

步骤 2：在【插入】选项卡的"特殊符号"组中直接单击要插入的符号即可，如图 6-20 所示。

步骤 3：如果要插入更多的特殊符号，则单击 ，符号▾ 按钮，在打开的下拉列表中可以选择所需要的特殊符号，如图 6-21 所示。

步骤 4：在打开的列表中选择【更多】选项，则弹出【插入特殊符号】对话框，在对话框中切换到相应的选项卡，再选择要插入的特殊符号，单击 确定 按钮，则插入了该特殊符号，如图 6-22 所示。

图 6-20 直接插入特殊符号

图 6-21 更多的特殊符号

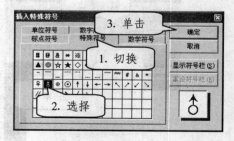

图 6-22 【插入特殊符号】对话框

在汉字录入的过程中，经常会遇到一些特殊的符号，特别是在学术、科技类的文章中，特殊符号比较常见，而 Word 2007 的符号功能基本可以保证各种符号的输入，如图

6-23 所示为使用特殊符号实现的效果。

wǒ ài běi jīng

我爱北京

今天的气温是 12±1℃

△ABC 中，∠B=∠C，AD⊥BC

图 6-23　使用特殊符号实现的效果

6.3.2　选择文本

在 Word 中编辑文本时，要遵循"先选择，后操作"的原则。选择的文本在屏幕上以蓝底显示。Word 2007 提供了多种选择文本的方法。

1．基本选择法

在要选择文本的开始位置处单击鼠标，定位插入点光标，然后按住鼠标左键向右拖动到要选择文本的结束位置处释放鼠标，即可选择中间的文本，如图 6-24 所示。

如果要选择大范围的文本，可以先将插入点光标定位在要选择文本的开始位置，然后按住 Shift 键在要选择文本的结束位置单击鼠标，如图 6-25 所示。

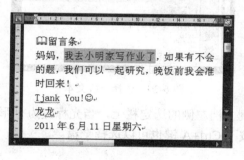

图 6-24　拖动鼠标选择文本 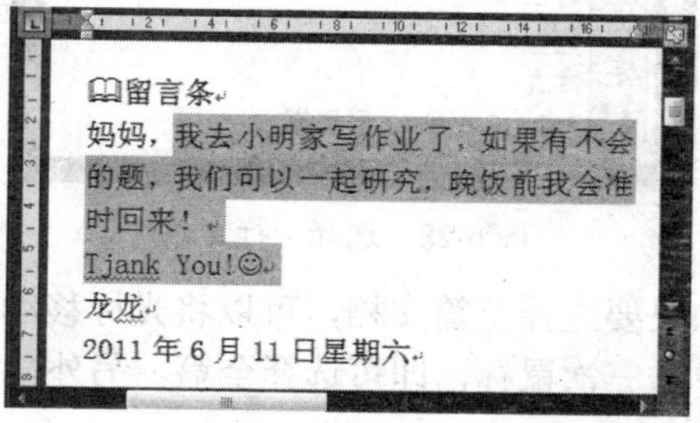　　　　　图 6-25　利用 Shift 键选择文本

如果要选择一个文字或词语，可以直接双击该文字或词语。

如果要选择一个句子，可以按住 Ctrl 键的同时单击该句中的任意位置(注意，一个句号代表一句)。

如果要选择分散的文本，先拖动鼠标选中第一个文本块，然后按住 Ctrl 键，再通过拖动鼠标选择其他位置的文本，如图 6-26 所示。

如果要选择一个垂直的文本块，可以先按住 Alt 键，再通过拖动鼠标进行选择，如图 6-27 所示。

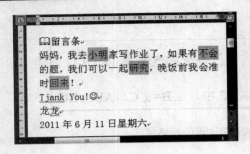

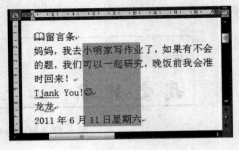

图 6-26　选择分散的文本　　　　　　　　图 6-27　选择垂直文本块

2．利用选定栏

在 Word 文本区的左侧有一个垂直的空白区域，称为选定栏，当将光标移动到选定栏上时，光标将变为向右倾斜的箭头 ⑂，选定栏的作用就是选择文本。

在选定栏上单击鼠标，则选择光标对应的一行文本，如图 6-28 所示；双击鼠标，则选择光标对应的一段文本，如图 6-29 所示。

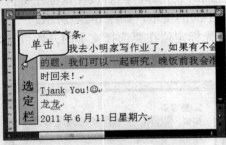

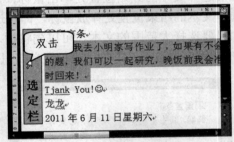

图 6-28　选择一行文本　　　　　　　　　图 6-29　选择一段文本

如果要选择整篇文档，可以将光标移动到文档左侧的选定栏上，当光标变为 ⑂ 形状时连续单击三次鼠标，即可选择全篇。另外，按下 Ctrl+A 键也可以选择全篇。

6.3.3　删除文本

当文档中出现一些不需要的内容时，要及时删除。在 Word 2007 中删除文本的方法比较多，操作也比较简单。

- ➥　如果要删除当前光标之后的一个字符，按下 Delete 键即可。
- ➥　如果要删除当前光标之前的一个字符，按下 Backspace 键即可。
- ➥　如果要删除大段的内容，需要先选择要删除的文本，然后按下 Delete 键或 Backspace 键即可。

删除文本后，可以单击快速访问工具栏上的 按钮，取消对文档的最后一次操作，找回删除的文本；如果要恢复被撤销的操作，可以单击快速访问工具栏上的 按钮。

6.3.4 修改文本

修改文本的方法非常简单，如果是在输入时出现了错误，可以随时按下 Backspace 键删除刚刚输入的字符，重新输入即可；如果已经完成输入，才发现需要修改大段的文字，可以选择需要修改的文字，直接重新输入即可。例如，留言条中的 Thank You 输入有误，选择 j 并修改为 h 即可，如图 6-30 所示。

图 6-30 修改文本

6.3.5 移动文本

移动文本是指调整文本的位置，移动文本的操作步骤如下：

步骤 1：选择要移动的文本，将光标指向选择的文本，按住鼠标左键拖动至目标位置，如图 6-31 所示。

步骤 2：拖动至目标位置后，释放鼠标左键，即可将所选文本移动到目标位置，如图 6-32 所示。

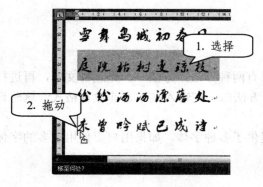

图 6-31 移动文本的过程

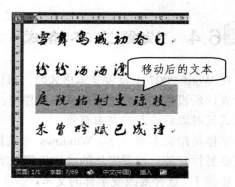

图 6-32 移动后的结果

使用鼠标拖曳的方法移动文本的优点是方便快捷，但有时候定位不太准确，而且对于远距离(如从一页移动到另一页)的移动也不方便。因此，通常情况下，可以利用剪切与粘贴的方法移动文本，具体操作步骤如下：

步骤 1：选择要移动的文本。

步骤 2：在【开始】选项卡中单击 剪切 按钮(或按 Ctrl+X 键)，将所选文本剪切至剪贴板中。

步骤 3：将光标定位在目标位置处，目标位置既可以是同一个文档中的不同页面，也可以是不同的文档之间。

步骤 4：在【开始】选项卡中单击 按钮(或按 Ctrl+V 键)，在目标位置处粘贴文本。

6.3.6 复制文本

编辑文档时，对于重复的文本内容可以通过复制来完成。与移动文本类似，在 Word 2007 中也有两种不同的文本复制方法，即利用鼠标操作和按钮进行文本复制。

通过拖曳鼠标复制文本的操作步骤如下：

步骤 1：选择要复制的文本。

步骤 2：将光标指向选择的文本，按住 Ctrl 键的同时拖曳鼠标至目标位置处释放鼠标，即可将所选文本复制到目标位置处。

利用按钮复制文本的操作步骤如下：

步骤 1：选择要复制的文本。

步骤 2：在【开始】选项卡中单击 复制 按钮(或按 Ctrl+C 键)，复制所选的文本内容。

步骤 3：将光标定位在目标位置处，既可以是同一个文档中的不同页面，也可以是不同的文档之间。

步骤 4：在【开始】选项卡中单击 按钮(或按 Ctrl+V 键)，在目标位置处粘贴文本。

6.4 设置文本格式

在 Word 2007 中设置文本格式时，可以有两种方法：方法一，先选择文本，再进行格式设置，所设格式只对选择的文本起作用；方法二，在输入文本之前设置格式，这时设置的格式只对以后输入的文本有效。

字体是指文本的形体，Windows 系统提供了多种字体，如果用户要使用更多的字体，则需要另行安装。设置字体的操作步骤如下：

步骤 1：选择要改变字体的文本。

步骤 2：在【开始】选项卡的"字体"组中单击"字体"右侧的小箭头，在打开的下拉列表中选择所需字体的名称，如"方正大黑简体"、"方正粗宋简体"等，如图 6-33 所示。

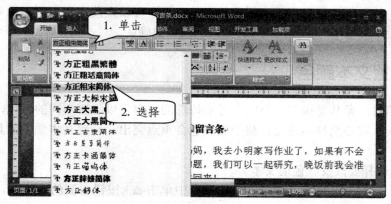

图 6-33　设置文本字体

6.4.1　设置文本字号

字号有两种表示方法：一种是中文表示，如二号、五号等，字号越大对应的文本越小；另一种是数字表示(即磅值)，如 9、11、20 等，数值越大对应的文本越大。

设置文本字号的操作步骤如下：

步骤 1：选择要改变字号的文本。

步骤 2：在【开始】选项卡的"字体"组中单击"字号"右侧的小箭头，在打开的下拉列表中选择所需字体的字号，如"一号"、"三号"等，如图 6-34 所示。

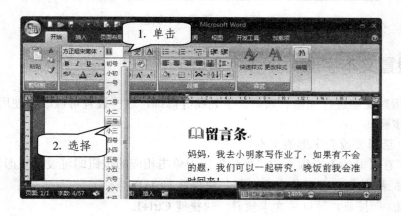

图 6-34　设置文本字号

另外，在"字体"组中单击"增大字体" A 按钮或"减小字体" A 按钮，可以在当前字号的基础上增大或减小字号。

如果"字体"下拉列表中没有所需的字号，用户可以直接在文本框中输入表示磅值的数字，自行设置文本字号，如输入 100，按下回车键确认。

6.4.2 设置文本颜色

编辑文档时，尤其是报刊、杂志，对于特殊的内容可以设置不同的颜色，这样不但可以使文档给人以赏心悦目的感觉，整个版面也会重点突出。设置文本颜色的具体操作步骤如下：

步骤 1：选择要改变颜色的文本。

步骤 2：在【开始】选项卡的"字体"组中单击 A · 按钮右侧的小箭头，在打开的下拉列表中选择所需的颜色即可，如图 6-35 所示。

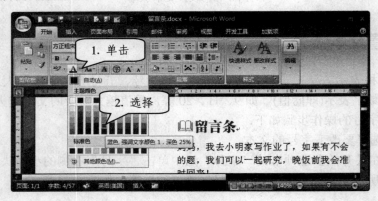

图 6-35　设置文本颜色

6.4.3 设置文本字形

字形是指对文本进行加粗、倾斜、下划线等修饰，这些设置可以联合使用。设置文本字形的操作步骤如下：

步骤 1：选择要改变字形的文本。

步骤 2：在【开始】选项卡的"字体"组中单击相应的按钮即可设置字形。

➥　单击 B 按钮，可以将文本加粗，快捷键 Ctrl+B。

➥　单击 I 按钮，可以将文本倾斜，快捷键 Ctrl+I。

➥　单击 U · 按钮，可以为文本添加下划线，快捷键 Ctrl+U。单击 U · 按钮右侧的小箭头，在打开的下拉列表中可以选择不同的线型，并且可以设置下划线的颜色，如图6-36所示。

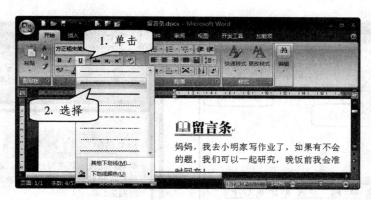

图 6-36　选择下划线的线型

6.4.4　设置文本效果

Word 2007 除了可以设置常用的文本格式外，还提供了一些特殊、复杂的文本格式，如上下标、删除线、边框和底纹等格式。设置文本效果之前需要先选择文本，然后在【开始】选项卡的"字体"组中进行设置。

➥　单击 abc 按钮，可以在文本的中间位置添加一条删除线。

➥　单击 x₂ 按钮，可以将所选文本设置为下标，使其位于基线下方。

➥　单击 x² 按钮，可以将所选文本设置为上标，使其位于基线上方。

➥　单击 ✌ 按钮，可以用不同颜色突出显示文本，就像用荧光笔标记文本一样。

6.4.5　设置字符间距与位置

字符间距就是相邻字符之间的距离。处理各种格式的文本时，如果需要将文本排列得紧密或稀疏一些，可以通过设置字符间距来实现。而位置是指字符在垂直方向上的排列，即距离基线的距离。设置字符间距与位置的操作步骤如下：

步骤 1：选择要设置字符间距的文字。

步骤 2：在【开始】选项卡中单击"字体"组右下角的 按钮，打开【字体】对话框，切换到【字符间距】选项卡，在【间距】下拉列表中选择"加宽"或"紧缩"，在其右侧的【磅值】文本框中可以输入数值，如图6-37所示。

步骤 3：单击 [确定] 按钮，完成字符间距的设置，如图 6-38 所示是设置字符间距后的效果。

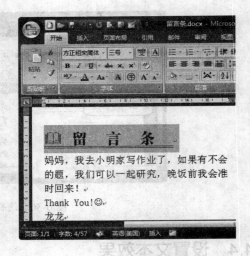

图 6-37　设置字符间距　　　　　　　　　图 6-38　设置字符间距后的效果

步骤 4：用同样的方法，选择文本后打开【字体】对话框，在【位置】下拉列表中选择"提升"或"降低"，然后在右侧的【磅值】文本框中输入数值，如图 6-39 所示。

步骤 5：单击 [确定] 按钮，即可调整字符的位置，如图 6-40 所示是通过调整基线位置得到的效果。

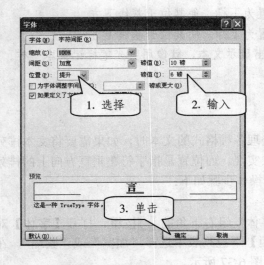

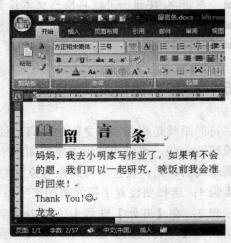

图 6-39　设置字符位置　　　　　　　　　图 6-40　调整基线位置得到的效果

📖6.5　设置段落格式

在 Word 2007 中，段落是指以回车符为标志的一段文字。用户可以设置段落的对齐方式、段落缩进、段间距与行间距等。

6.5.1　设置对齐方式

段落的对齐方式是指页面中的段落在水平方向上的对齐方式，包含左对齐、右对齐、居中、两端对齐和分散对齐等方式。

设置段落对齐方式的操作步骤如下：

步骤 1：将光标定位在要设置对齐方式的段落中。

步骤 2：在【开始】选项卡的"段落"组中单击不同的对齐方式按钮，可以设置段落的对齐。

➥　单击█按钮，可以使段落中的各行左边对齐，右边可以不对齐。

➥　单击█按钮，可以使段落居中排列，距页面的左、右边距相等。

➥　单击█按钮，可以使段落中各行右边对齐，左边可以不对齐。

➥　单击█按钮，可以使段落中的每行首尾同时对齐，自动调整字符间距。但是，如果最后一行文字不满一行，则保持左对齐。对于中文而言，左对齐与两端对齐效果是一样的。

➥　单击█按钮，可以使段落中的所有行都首尾对齐，自动调整字符间距，即使最后一行文字不满一行，也保持首尾对齐。

如图 6-41 所示分别为段落的五种对齐效果：左对齐、居中对齐、右对齐、两端对齐和分散对齐。

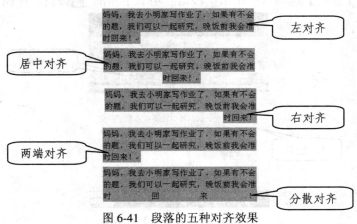

图 6-41　段落的五种对齐效果

6.5.2 设置段落缩进

一般情况下，段落文字都具有不同的缩进方式，这可以使文本显得整齐有序，方便阅读。设置段落缩进是指更改段落相对于左、右页边距的距离。Word 中的段落缩进有首行缩进、悬挂缩进、左缩进和右缩进 4 种缩进方式。

1．使用标尺

在 Word 2007 中，可以使用标尺设置段落的缩进，操作步骤如下：

步骤 1：单击垂直滚动条上方的 按钮，显示标尺。

步骤 2：将光标定位在要设置缩进的段落中。

步骤 3：拖动水平标尺上的缩进标记，如图 6-42 所示，即可完成段落的缩进设置。

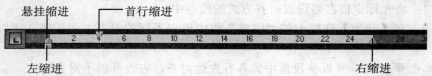

图 6-42 水平标尺上的缩进标记

除了使用标尺设置段落的缩进外，也可以在【开始】选项卡的"段落"组中单击 按钮，减小段落的缩进量；单击 按钮，增加段落的缩进量。

2．使用【段落】对话框

使用标尺设置段落缩进比较方便，但是并不十分精确，例如，设置每一段文字的首行缩进 2 个字符，使用【段落】对话框比较理想。具体操作步骤如下：

步骤 1：选择要缩进的一个或多个段落。

步骤 2：在【开始】选项卡中单击"段落"组右下角的 按钮，如图 6-43 所示。

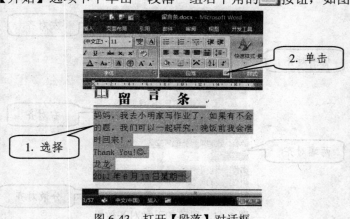

图 6-43 打开【段落】对话框

步骤 3：打开【段落】对话框，在【缩进】选项组中可以设置段落的缩进，例如在【特殊格式】下拉列表中选择"首行缩进"，设置缩进量为"2 字符"，如图 6-44 所示。

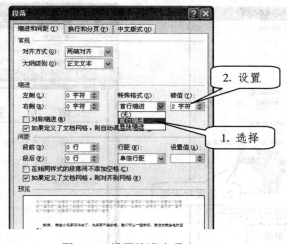

图 6-44   设置缩进选项

步骤 4：单击 确定 按钮，则所选的段落将首行缩进 2 个字符。

6.5.3   设置行间距和段间距

行间距是指段落内行与行之间的距离；段间距是指上一段落的最后一行和下一段落的第一行之间的距离。适当地调整段间距和行间距，可以使文档清晰、美观。

在【开始】选项卡的"段落"组中单击 按钮，在打开的下拉列表中选择间距值，可以快速地设置行间距，也可以增加段前和段后的间距量，如图 6-45 所示。

如果要对行间距或段间距进行更多的控制，需要在【段落】对话框中进行设置，操作步骤如下：

步骤 1：选择要调整间距的行或段落内容。

步骤 2：在【开始】选项卡中单击"段落"组右下角的 按钮，打开【段落】对话框。

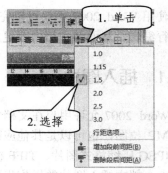

图 6-45   快速设置行间距

步骤 3：在【间距】选项组中设置行或段落的间距值，其中【段前】、【段后】选项用于设置段间距；【行距】选项用于设置行距，在其下拉列表中有"单倍行距"、"2 倍行距"、"最小值"、"固定值"或"多倍行距"等选项，如图 6-46 所示。

步骤 4：单击 确定 按钮，完成间距设置，如图 6-47 所示为设置了行间距与段间距后的效果。

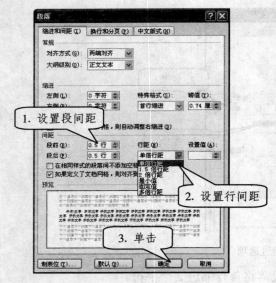

图 6-46 【段落】对话框

图 6-47 设置间距后的效果

6.6 编排图文并茂的文章

使用 Word 2007 不仅可以完成纯文本编辑，还可以对插入图片、艺术字、剪贴画等对象进行编辑，从而使文档内容更加丰富，得到图文并茂的文章。

6.6.1 插入图片

Word 2007 允许用户在文档中插入自己设计的图片，图片的格式可以是 Windows 的标准 BMP 位图，也可以是其他应用程序所创建的图片，如 CorelDraw 的 CDR 格式矢量图片、JPEG 压缩格式图片、TIFF 格式图片等。

在文档中插入图片的操作步骤如下：

步骤 1：将光标定位在要插入图片的位置。

步骤 2：在【插入】选项卡的"插图"组中单击█按钮，则弹出【插入图片】对话框，在【查找范围】下拉列表中选择图片的位置，在文件列表中选择要插入的图片，如图 6-48 所示。

图 6-48　选择要插入的图片

步骤 3：单击 [插入(S)] 按钮，即可在文档中插入选择的图片。

6.6.2　插入剪贴画

Word 2007 提供了一个剪辑库，剪辑库中提供了大量的剪贴画图片，这些图片都是经过专业设计的，画面非常精美，可以表达不同的主题，用户可以根据需要将它们插入到文档中。在文档中插入剪贴画的操作步骤如下：

步骤 1：将光标定位在要插入剪贴画的位置。

步骤 2：在【插入】选项卡的"插图"组中单击 按钮，如图 6-49 所示。

步骤 3：此时弹出【剪贴画】任务窗格，直接单击 [搜索] 按钮，则列出搜索到的所有图片，如图 6-50 所示。

图 6-49　插入剪贴画

图 6-50　搜索到的所有图片

重点提示　在【剪贴画】任务窗格中，如果在【搜索文字】文本框中输入关键字，然后再单击 [搜索] 按钮，将列出与关键字有关的剪贴画。

步骤 4：在搜索结果中单击所需的剪贴画图片，则剪贴画将自动插入到光标位置处，如图 6-51 所示。

步骤 5：插入的剪贴画四周将出现 8 个缩放控制点和一个旋转控制点。将光标指向角端的控制点，拖曳鼠标可以改变剪贴画的大小；将光标指向旋转控制点，当光标变为 🖑 形状时按住左键拖曳鼠标，可以旋转剪贴画，如图 6-52 所示。

图 6-51　插入的剪贴画　　　　　　　　图 6-52　旋转剪贴画

6.6.3　插入艺术字

在 Word 中，艺术字虽然称为"字"，但是从本质上而言，它是一幅图片，它可以对文档起到一定的装饰作用。在文档中插入艺术字的操作步骤如下：

步骤 1：将光标定位在要插入艺术字的位置。

步骤 2：在【插入】选项卡的"文本"组中单击 A 按钮，在打开的下拉列表中选择一种艺术字的样式，如第三行第二列的艺术字样式，如图 6-53 所示。

步骤 3：在打开的【编辑艺术字文字】对话框中输入要作为艺术字的文字，然后设置字体、字号等选项，如图 6-54 所示。

 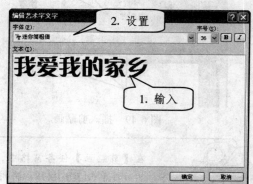

图 6-53　选择艺术字样式　　　　　　　图 6-54　设置艺术字的属性

步骤 4：单击 确定 按钮，则在文档中插入了艺术字，如图 6-55 所示。

图 6-55　插入的艺术字

 重点提示　在 Word 文档中插入图片、剪贴画、艺术字以后，功能区中将出现【格式】选项卡，通过该选项卡，可以更改图片、剪贴画、艺术字的样式、形状、位置等，也可以设置颜色、阴影或三维效果等选项。

6.6.4　使用文本框

文本框是存放文本、图形的矩形容器。它本身也是一种图形对象，使用文本框可以实现更加灵活的排版方式。用户可以自行绘制文本框，绘制文本框时，既可以先绘制文本框再输入文字，也可以先选择文字，再为其添加文本框。

如果要在文档中绘制一个空文本框，具体操作步骤如下：

步骤 1：在【插入】选项卡的"文本"组中单击 Ａ 按钮，在打开的下拉列表中选择【绘制文本框】或【绘制竖排文本框】选项。

步骤 2：将光标移动到页面内，拖动鼠标即可绘制一个空文本框，在文本框中输入所需要的文字即可，如图 6-56 所示。

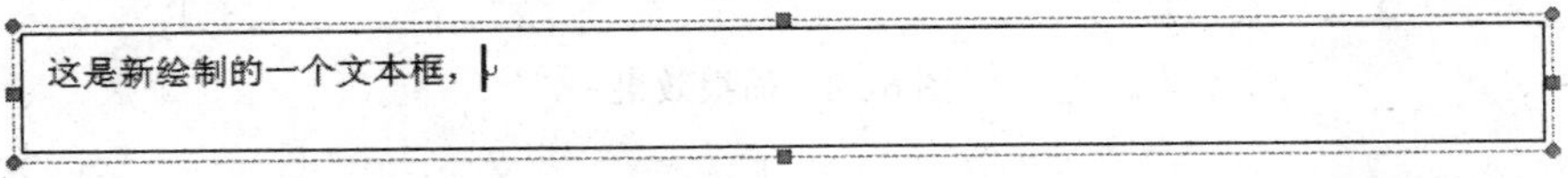

这是新绘制的一个文本框，

图 6-56　绘制的空文本框

如果要为已有的内容添加文本框，可以参照如下步骤进行操作：

步骤 1：选择要添加文本框的内容，如文字或图片。

步骤 2：在【插入】选项卡的"文本"组中单击 Ａ 按钮，在打开的下拉列表中选择【绘制文本框】或【绘制竖排文本框】选项，则为选择的内容添加了文本框。

步骤 3：根据需要调整其大小与位置即可，如图 6-57 所示。

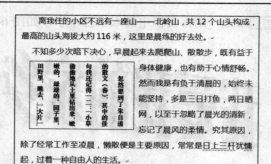

图 6-57 添加的文本框

插入到文档中的文本框，实际上就是一个小文档窗口，可以向其中输入文字、插入图片、表格、剪贴画等，并且可以对它们进行格式设置。如果用户掌握了图片、剪贴画、艺术字以及文本框的使用，可以创作出非常漂亮的画面，例如使用它们制作简报、名片或贺卡等，如图 6-58 和图 6-59 所示。

图 6-58 简报效果

图 6-59 名片效果

6.6.5 设置图文混排方式

无论是剪贴画、图片、文本框还是艺术字，插入到文档中之后都需要与文档内容混合排列，即"图文混排"。

图文混排的形式多种多样，如图片叠放在文字上方或下方、使文字环绕图片排列等。Word 2007 提供了 8 种文字环绕方式，分别是：嵌入型、四周型环绕、紧密型环绕、衬于文字下方、浮于文字上方、上下型环绕、穿越型环绕和编辑环绕顶点。

设置图文混排的操作步骤如下：

步骤 1：选择要图文混排的对象，如剪贴画、图片、文本框或艺术字等。

步骤 2：在【格式】选项卡的"排列"组中单击 文字环绕 按钮，在打开的下拉列表中选择一种文字环绕方式，如图 6-60 所示。

步骤 3：这时文本框对象与文字之间就呈现出所选择的文字环绕效果，如图 6-61 所示。

图 6-60　文字环绕方式

图 6-61　文字环绕效果

下面介绍一下 Word 中提供的 8 种文字环绕方式。

➥ **嵌入型**：指图片、剪贴画、文本框或艺术字等直接在文档的插入点位置嵌入到文字中，它是相对于浮动而言的，可以看作是一个字符，效果如图 6-62 所示。

➥ **四周型环绕**：是指文字在图片、剪贴画、文本框或艺术字周围以方形边界环绕排列，效果如图 6-63 所示。

图 6-62　嵌入型

图 6-63　四周型环绕

➥ **紧密型环绕**：是指文字在图片、剪贴画、文本框或艺术字周围以紧密的方式环绕排列，尽可能地少留空白，沿着文本框外轮廓进行排列，效果如图 6-64 所示。

➥ **衬于文字下方**：是指文字排列不受图片、剪贴画、文本框或艺术字的影响，仍然以原来的方式排列，只是图片、剪贴画或艺术字衬在文字下方，效果如图 6-65 所示。

图 6-64　紧密型环绕

图 6-65　衬于文字下方

➥ **浮于文字上方**：是指文字排列不受图片、剪贴画、文本框或艺术字的影响，仍然以原来的方式排列，只是插入的图片、剪贴画或艺术字浮在文字上方，效果如图 6-66 所示。

➥ **上下型环绕**：当插入图片、剪贴画、文本框或艺术字后，文字将排列在它们的上方或下方，左右两侧不出现文字，效果如图 6-67 所示。

图 6-66　浮于文字上方

图 6-67　上下型环绕

➥ **穿越型环绕**：与紧密型环绕类似，但是可以在开放式文本框的内部环绕排列文字。

➥ **编辑环绕顶点**：这种排列方式的效果就是紧密型环绕，但是可以编辑顶点，从而有效地控制文字与图片、剪贴画、文本框或艺术字之间的距离，效果如图 6-68 所示。

图 6-68　编辑环绕顶点

📖6.7　在文档中插入表格

Word 2007 具有一定的表格处理能力，基本可以满足平时的工作需要，使用它可以制作出各式各样的表格，例如个人简历、课程表、财务报表等。

6.7.1　创建表格

创建表格有两种基本方法，第一种方法的操作步骤如下：

步骤 1：将光标定位在要创建表格的文档中。

步骤 2：在【插入】选项卡的"表格"组中单击▦按钮，然后在打开的下拉列表中移动鼠标，选择需要的行数和列数，如图 6-69 所示。

步骤 3：当达到所需要的行数与列数后单击鼠标，则在光标位置处插入了表格，如图 6-70 所示。

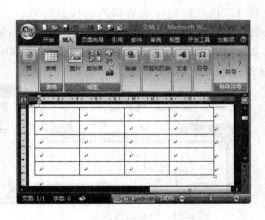

图 6-69　选择表格的行数和列数　　　　　图 6-70　插入的表格

创建表格的第二种方法的操作步骤如下：

步骤 1：将光标定位在要创建表格的文档中。

步骤 2：在【插入】选项卡的"表格"组中单击▦按钮，在打开的下拉列表中选择【插入表格】选项，如图 6-71 所示。

步骤 3：在弹出的【插入表格】对话框中设置表格的【列数】与【行数】值，如图 6-72 所示。

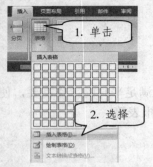

图 6-71　选择【插入表格】选项　　　　图 6-72　设置表格的行数和列数

步骤 4：单击 ▢确定▢ 按钮，即可创建一个规范的表格。

6.7.2　绘制斜线表头

绘制表格时，经常需要在表头的位置绘制斜线。Word 2007 提供了绘制斜线表头的功能，可以快速地为表格添加一个斜线表头，具体操作步骤如下：

步骤 1：将光标定位在表格内的任意位置。

步骤 2：在【布局】选项卡的"表"组中单击▦按钮，如图 6-73 所示。

步骤 3：在弹出的【插入斜线表头】对话框中选择表头样式，并输入表头的内容，如图 6-74 所示。

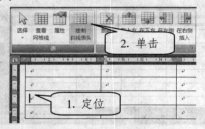

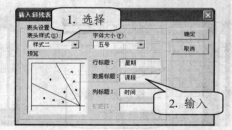

图 6-73　绘制斜线表头　　　　　　图 6-74　设置斜线表头

步骤 4：单击 ▢确定▢ 按钮，即可为表格添加斜线表头，如图 6-75 所示。

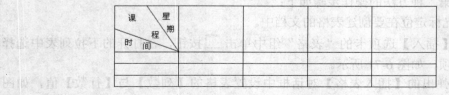

图 6-75　添加的斜线表头

　　综合运用前面的知识，就可以绘制出一个漂亮的课程表，如图 6-76 所示。这里运用了创建表格、绘制斜线表头、输入文本、设置字体、字号与颜色等知识。

课程时间 星期	星期一	星期二	星期三	星期四	星期五
第1节	数学	数学	语文	数学	语文
第2节	美术	语文	数学	语文	英语
第3节	品德	体育	品德(信)	音乐	语文
第4节	语文	英语	校本课程	体育	品德
第5节	英语	音乐	体育		校本课程
第6节			美术		口语写字

图 6-76　绘制的课程表

6.7.3　绘制表格

　　日常生活中经常会接触到不规则的表格，例如个人简历表，对于这样的表格，使用手工绘制的方法来创建更加方便，具体操作方法如下：

　　步骤 1：在【插入】选项卡的"表格"组中单击▦按钮，在打开的下拉列表中选择【绘制表格】选项，则光标变为铅笔形状✐。

　　步骤 2：在页面中拖动鼠标，绘制表格的外边框，绘制了外边框后，将自动弹出【设计】选项卡，如图 6-77 所示。

图 6-77　绘制表格的外边框

　　步骤 3：在外边框的内部继续水平或垂直拖动鼠标，可以绘制出表格的内部线条，如图 6-78 所示。

图 6-78　绘制表格的内部线条

　　步骤 4：在绘制表格的过程中，对于多余的线条可以进行擦除。在【设计】选项卡的"绘图边框"组中单击 按钮，这时光标变为橡皮形状。

　　步骤 5：在要删除的线条上拖动鼠标，可以将多余的线条擦除，如图 6-79 所示。

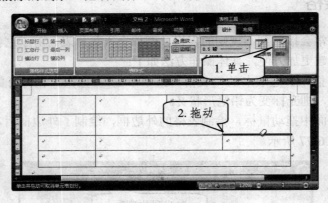

图 6-79　擦除多余的线条

　　步骤 6：绘制完成后，按下 Esc 键，退出 按钮的工作状态即可。

6.7.4　调整行高和列宽

　　用户可以调整表格的行高和列宽，方法是将光标指向要修改行的下边框，当光标变为双向箭头时按住左键拖动鼠标，可以自由地调整行高；同样，将光标指向要修改列的右边框，当光标变成双向箭头时按住左键拖动鼠标，可以自由地调整列宽。

　　如果要精确地设置行高，可以按如下步骤操作：

　　步骤 1：选择要调整高度的行。

步骤 2：在【布局】选项卡的"单元格大小"组中直接输入【高度】值即可，如图 6-80 所示。

图 6-80 调整行高

如果要精确地调整列宽，可以按如下步骤操作：

步骤 1：选择要调整宽度的列。

步骤 2：在【布局】选项卡的"单元格大小"组中直接输入【宽度】值即可，如图 6-81 所示。

图 6-81 调整列宽

6.7.5 合并单元格

通过合并与拆分单元格，可以帮助我们快速修改表格。合并单元格是指将多个连续的单元格合并为一个单元格，操作步骤如下：

步骤 1：选择要合并的多个连续单元格。

步骤 2：在【布局】选项卡的"合并"组中单击 按钮(或者在所选单元格上单击鼠标右键，在弹出的快捷菜单中选择【合并单元格】命令)，则所选单元格被合并为一个单元格，如图 6-82 所示。

图 6-82 合并单元格

6.7.6 拆分单元格

拆分单元格是指将一个单元格拆成多个单元格，操作步骤如下：

步骤1：在要拆分的单元格中单击鼠标，定位光标。

步骤2：在【布局】选项卡的"合并"组中单击 按钮(或者在所选单元格上单击鼠标右键，在弹出的快捷菜单中选择【拆分单元格】命令)，则弹出【拆分单元格】对话框，在对话框中设置要拆分的行数或列数。

步骤3：单击 确定 按钮，即可拆分单元格，如图6-83所示。

图6-83 拆分单元格

使用绘制表格、调整行高与列宽、合并单元格、拆分单元格等一系列操作，可以制作出规范的个人简历表，如图6-84所示。

应届毕业生简历表

个人基本情况	姓 名		性 别		出生年月		免冠照片
	民 族		籍 贯		政治面貌		
	身 高		有无重大疾病		是否签过其他单位		
教育背景	学历		毕业院校	专 业		起止时间	
获奖情况							
学术科研活动							
家庭主要成员	姓 名	与本人关系	出生年月	工作单位及职务			
自我评价							

图6-84 个人简历表

6.7.7　应用表格样式

应用表格样式是指套用一些预先设置好的表格样式，在这些表格样式中，系统预先设置了一套完整的字体、边框、底纹等样式。应用表格样式可以快速地完成表格格式的设置，不但节省时间，而且表格更加美观、大方。

应用表格样式的操作步骤如下：

步骤 1：选择要设置样式的表格，或者将光标定位在表格中的任意位置。

步骤 2：在【设计】选项卡的"表样式"组中单击所需要的预置表格样式即可，如图6-85 所示。

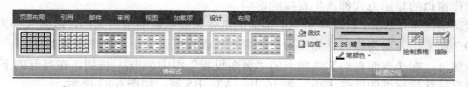

图 6-85　选择预置的表格样式

步骤 3：选择预置的表格样式以后，则表格自动应用了该样式，如图 6-86 所示。

关于 Word 使用交流报告		
6月28日	8：00~9：00	关于长文档排版技巧
	10：00~11：30	图文混排技术
	14：00~15：00	表格的实际应用
	15：30~17：00	文档的打印与共享

图 6-86　套用了表格样式后的效果

重点提示　在【设计】选项卡的"表样式"组中只显示了 7 种样式，如果要使用更多的表格样式，需要单击样式右侧的 按钮，这时可以出现更多的样式供用户选择。

📖6.8 文档页面设置和打印

在实际工作中，经常需要将编辑好的文档打印出来，Word 2007 提供了非常强大的打印功能，可以帮助用户将文稿输出到纸张上。在打印之前，需要先进行页面设置。

6.8.1 设置纸张大小和纸张方向

纸张的大小和方向不仅对打印输出的最终结果产生影响，而且对当前文档的工作区大小和工作窗口的显示方式都产生直接的影响。

默认情况下，Word 自动使用 A4 幅面的纸张来显示新的空白文档，纸张大小为 21 厘米×29.7 厘米，方向为纵向。如果用户需要重新设置纸张大小，操作步骤如下：

步骤 1：在【页面布局】选项卡的"页面设置"组中单击 按钮，在打开的下拉列表中可以直接选择标准的纸张大小，如 16 开、A3、B5 等，如图 6-87 所示。

步骤 2：如果要自定义纸张大小，则在下拉列表中选择【其他页面大小】选项，在打开的【页面设置】对话框中设置纸张的大小，并选择应用于"整篇文档"选项，如图 6-88 所示。

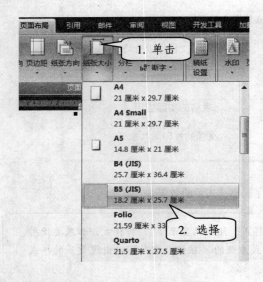

图 6-87 选择标准的纸张大小

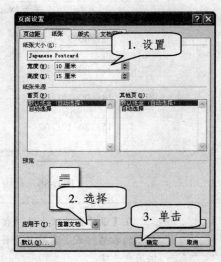

图 6-88 【页面设置】对话框

步骤3：单击 确定 按钮，完成纸张大小的设置。

步骤4：在"页面设置"组中单击 按钮，在打开的下拉列表中选择纸张方向，如纵向或横向，如图6-89所示。

图6-89　设置页面方向

6.8.2　设置页面边距

在 Word 中，页边距主要用来控制文档正文与页面边缘之间的空白距离。页边距的值与文档版心位置、页面所采用的纸张大小等元素紧密相关。改变页边距时，新的设置将直接影响到整个文档中的所有页面。设置页边距的操作步骤如下：

步骤1：在【页面布局】选项卡的"页面设置"组中单击 按钮，在打开的下拉列表中可以选择预置的页边距，如图6-90所示。

步骤2：如果要自定义页边距，则在下拉列表中选择【自定义边距】选项，在打开的【页面设置】对话框中设置【上】、【下】、【左】、【右】的值，并选择应用于"整篇文档"选项，如图6-91所示。

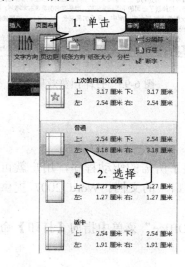

图6-90　选择预置的页边距

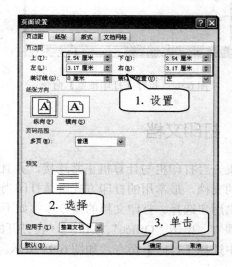

图6-91　自定义边距

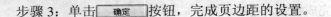
步骤 3：单击 确定 按钮，完成页边距的设置。

6.8.3 打印预览

Word 是一款所见即所得软件，预览的效果实际上就是打印的真实效果。通过打印预览，可以观察到排版的不足，还可以在预览窗口对文档进行编辑，以得到满意的效果。执行打印预览的具体操作步骤如下：

步骤 1：单击 "Office" 按钮 ，在打开的 "Office" 菜单中指向【打印】命令，在其子菜单中选择【打印预览】命令，如图 6-92 所示。

步骤 2：此时出现打印预览视图，在该视图下可以看到打印效果，此时光标显示为放大镜形状，单击鼠标可以控制视图的放大或缩小，如图 6-93 所示。

图 6-92　执行【打印预览】命令　　　　　图 6-93　打印预览效果

6.8.4 打印文档

如果一台打印机与计算机正常连接，并且安装了所需的驱动程序，用户就可以直接输出所需的文档。最常用的打印方式就是打印当前窗口中的文档。Word 2007 提供了多种打印选项供用户选择。打印文档的操作步骤如下：

步骤 1：单击 "Office" 按钮 ，在打开的 "Office" 菜单中指向【打印】命令，在其子菜单中选择【打印】命令，如图 6-94 所示。

图 6-94　执行【打印】命令

步骤2：在弹出的【打印】对话框中设置打印参数，如图 6-95 所示。

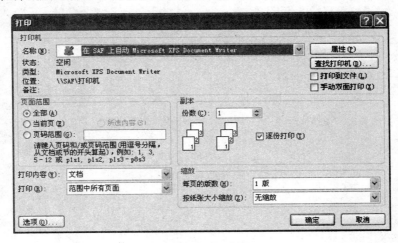

图 6-95　【打印】对话框

　➭　**名称**：用于选择连接好的打印机。

　➭　**页面范围**：用于设置当前打印的文档范围。选择【全部】选项时，可以打印文档中的所有页；选择【当前页】选项时，将只打印插入点光标所在的页面；选择【页码范围】选项时，可以在其后的文本框中输入要打印的页码范围。

�)　**副本**：其中的【份数】选项可以设置文档的打印数量。

➤）　**缩放**：用于设置文档每页的版数和文档缩放的纸张大小。

步骤 3：单击 ▭ 确定 ▭ 按钮，完成文档打印设置，并进行打印操作。

　重点提示　　　当执行了打印预览以后，会出现【打印预览】选项卡，在该选项卡的
"打印"组中单击▭按钮，也可以打开【打印】对话框。

家庭理财助手——Excel

第 7 章

本 章 要 点

- 初识 Excel 2007
- 工作簿的基本操作
- 工作表的基本操作
- 输入数据
- 单元格的操作
- 美化表格
- 使用公式和函数计算表格中的数据
- 将表格中的数据制作成图表

Excel 2007 是一款电子表格与数据处理软件，功能非常强大，运用其内置的公式和函数可以让用户随心所欲地进行各种数据运算、统计与分析，并且可以将数据用各种统计图表示出来，广泛地应用于财务、行政、金融、统计等领域。对于家庭用户来说，使用它可以制作表格、记录家庭账目、进行简单运算等。

📖 7.1　初识 Excel 2007

每接触一个新软件，我们都要从其工作界面入手，了解其基本构成以及各部分的主要功能，所以在学习 Excel 2007 之前，也要先认识 Excel 2007 的工作界面。

7.1.1　启动 Excel 2007

与启动 Word 2007 一样，启动 Excel 2007 也有两种方法：一是通过【开始】菜单；二是通过快捷方式图标。

方法一：单击桌面左下角的　　开始　　按钮，打开【开始】菜单，然后单击【所有程序】/【Microsoft Office】/【Microsoft Office Excel 2007】命令，就可以启动 Excel 2007 应用程序，进入编辑状态。

方法二：在桌面上双击 "Microsoft Office Excel 2007" 的快捷方式图标，可以快速地启动 Excel 2007 应用程序。

7.1.2　认识 Excel 2007 工作界面

启动 Excel 后，可以看到 Excel 的工作界面与 Word 工作界面很相似，很多组成部分的功能与用法与 Word 完全一样，所以不再赘述。

下面只针对 Excel 2007 特有的组成部分进行介绍，主要包括编辑栏、行号与列标、工作表标签、单元格等，如图 7-1 所示。

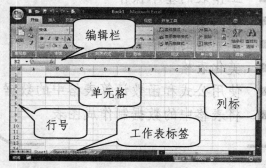

图 7-1　Excel 2007 的界面组成

1．编辑栏

编辑栏是 Excel 特有的工具栏，主要由两部分组成：名称框和编辑框。

左侧的名称框用于显示当前单元格的名称或单元格地址。如图 7-2 所示，名称框中显示的是单元格区域的名称；如图 7-3 所示，名称框中显示的是当前单元格的地址。

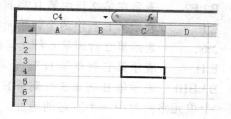

图 7-2　显示单元格区域的名称　　　　图 7-3　显示当前单元格的地址

编辑框位于名称框右侧，用户可以在其中输入单元格的内容，也可以编辑各种复杂的公式或函数。如图 7-4 所示，编辑框中输入的是文字；如图 7-5 所示，编辑框中输入的是函数。

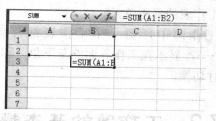

图 7-4　编辑框中输入的是文字　　　　图 7-5　编辑框中输入的是函数

2．行号与列标

工作表是一个由若干行与列交叉构成的表格，每一行与每一列都由一个单独的标号来标识。用于标识行的称为行号，由阿拉伯数字表示；用于标识列的称为列标，由英文字母表示。

按住 Ctrl 键的同时按下方向键↓，可以观察到工作表的最后一行；按住 Ctrl 键的同时按下方向键→，可以观察到工作表的最后一列。

3．单元格与单元格地址

构成工作表的基本单位是单元格，即由行与列交叉形成的重叠区域，这是 Excel 中的最小"存储单元"，用户输入的数据就保存在单元格中。这些数据可以是字符串、数字、公式等内容。

每一个单元格通过"列标+行号"来表示单元格的位置。例如，A1 表示第 A 列第 1 行的单元格，我们称 A1 为该单元格的地址。

单元格地址有多种表示方法：

- ➥ B2　　　　表示第 B 列第 2 行的单元格。
- ➥ A3:A9　　　表示第 A 列第 3 行到第 9 行之间的单元格区域。
- ➥ B2:F2　　　表示在第 2 行中第 B 列到第 F 列之间的单元格区域。
- ➥ E:E　　　　表示第 E 列中的全部单元格。
- ➥ 2:6　　　　表示第 2 行到第 6 行之间的全部单元格。
- ➥ E:H　　　　表示第 E 列到第 H 列之间的全部单元格。
- ➥ B3:E10　　 表示第 B 列第 3 行到第 E 列第 10 行之间的单元格区域。

每一个单元格都对应一个固定的地址。当前被选择的单元格称为"活动单元格"。如果选择了多个单元格，则反白显示的单元格为"活动单元格"。

4．工作表标签

在 Excel 中要搞清工作簿、工作表与单元格之间的关系。一个工作簿就是一个 Excel 文件，它可以由多个工作表构成。默认情况下，一个工作簿中包含 3 个工作表，而单元格是构成工作表的最小单元。

在工作簿中，每一个工作表都有自己的名称，默认名称为 Sheet1、Sheet2、Sheet3……，显示在工作界面的左下角，称为"工作表标签"，单击它可以在不同的工作表之间进行切换。

📖7.2　工作簿的基本操作

Excel 的工作主要是围绕工作表来进行的，但是工作表是依赖于工作簿而存在的，所以工作之前需要创建工作簿，一个工作簿就是一个 Excel 文件。

7.2.1　创建工作簿

在 Excel 中，可以使用多种方法创建工作簿。一般情况下，用户启动 Excel 后，会自动创建一个空白的工作簿文件"Book 1"，其名称显示在标题栏中。如果要继续创建新的工作簿，可以单击快速访问工具栏中的"新建"按钮 🗋 或者按下 Ctrl+N 键，如图 7-6 所示。

另外，还可以基于模板创建工作簿，具体操作步骤如下：

步骤 1：在 Excel 的工作界面中单击"Office"按钮 🔵，在打开的"Office"菜单中选择【新建】命令，如图 7-7 所示。

图 7-6 创建新的工作簿　　　　　　图 7-7 执行【新建】命令

步骤 2：在弹出的【新建工作簿】对话框中选择【已安装的模板】选项，接着在中间的列表中选择需要的模板，单击 创建 按钮，如图 7-8 所示。

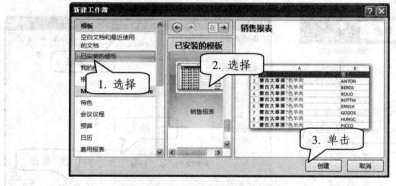

图 7-8 选择需要的模板

步骤 3：基于模板创建的工作簿如图 7-9 所示，其中会含有一些数据、工作表等信息，使用的时候修改这些数据即可。

图 7-9 基于模板创建的工作簿

7.2.2 保存工作簿

当在工作簿中输入了数据或者对工作簿中的数据进行了修改以后，需要对其进行保存，这样才能使数据不丢失，便于在以后的工作中使用。保存工作簿的具体步骤如下：

步骤 1：单击"Office"按钮，打开"Office"菜单，执行其中的【保存】命令(或者按下 Ctrl+S 键或 Shift+F12 键)，如图 7-10 所示。

步骤 2：如果是第一次保存，将弹出【另存为】对话框，在【保存位置】下拉列表中选择要保存文件的位置。

步骤 3：在【文件名】文本框中输入文件名称，然后单击 保存(S) 按钮即可保存工作簿，如图 7-11 所示。

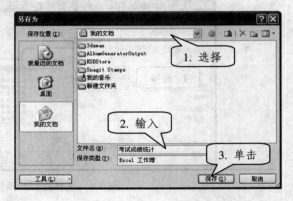

图 7-10 执行【保存】命令   图 7-11 保存工作簿

重点提示

工作簿以文件的形式存储在硬盘上，默认的扩展名是 .XLS。工作表不能单独以文件的形式存储，只能存储于一个工作簿中。在原有的工作簿中修改了数据以后，再进行保存时将不再弹出【另存为】对话框，而是直接保存，覆盖掉原来的文件。

7.2.3 打开工作簿

当需要使用存储在计算机中的工作簿时，用户只需要打开工作簿即可。要打开工作簿，首先通过【资源管理器】窗口进入存放工作簿的路径，然后双击工作簿文档图标，就可以启动 Excel，同时打开该工作簿。此外，也可以通过【打开】命令打开工作簿，具体操作步骤如下：

步骤 1：单击"Office"按钮，打开"Office"菜单，执行其中的【打开】命令(或者按下 Ctrl+O 键)，如图 7-12 所示。

步骤 2：在弹出的【打开】对话框中选择工作簿的保存路径，在文件列表中选择要打开的工作簿，单击 打开(O) 按钮即可将其打开，如图 7-13 所示。

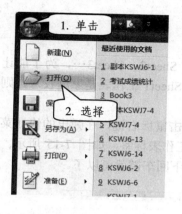

图 7-12　执行【打开】命令

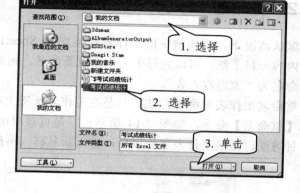

图 7-13　打开工作簿

重点提示

在"Office"菜单的右侧，显示了最近操作过的 17 个工作簿文件，在需要打开的文件上单击鼠标，可以直接打开该工作簿文件。

7.3　工作表的基本操作

在 Excel 中，一个工作簿中可以包含 255 个工作表，但首次启动 Excel 后，工作簿中只有 3 个工作表，即 Sheet1、Sheet2、Sheet3，用户可以对它们进行操作。

7.3.1　工作表的切换与选定

单击工作表标签，可以在不同的工作表之间进行切换。

如果用户需要同时对多个工作表进行操作，可以选定多个工作表，这样就能够在多个工作表中同时进行插入、删除或者编辑工作。选定多个工作表的方法如下：

➤　如果要选定一组相邻的工作表，可以先单击第一个工作表标签，然后按住 Shift 键单击要选定的最后一个工作表标签。

➥ 如果要选定不相邻的工作表，可以先单击第一个工作表标签，然后按住 Ctrl 键依次单击其他工作表标签。

➥ 如果要选定工作簿中全部的工作表，可以在工作表标签上单击鼠标右键，在弹出的快捷菜单中选择【选定全部工作表】命令。

7.3.2　重命名工作表

默认情况下，工作簿中的工作表标签均为 Sheet1、Sheet2、Sheet3…，为了能让工作表的内容一目了然，可以为每个工作表重新命名。例如 Sheet1 工作表是家庭收入，则可以重新命名为"家庭收入表"。

重命名工作表有两种方法：一是在工作表标签上单击鼠标右键，在弹出的快捷菜单中选择【重命名】命令，如图 7-14 所示；二是直接双击工作表标签，如图 7-15 所示。不论哪一种方法，激活工作表名称以后，输入新名称，再按下回车键就可以了。

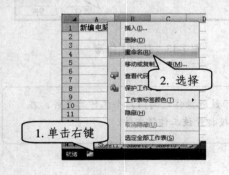

图 7-14　执行【重命名】命令　　　　　图 7-15　双击工作表标签

7.3.3　插入与删除工作表

默认情况下，一个工作簿中只有 3 个工作表，如果不够用，可以随时插入新的工作表。新插入的工作表往往在原工作表数目的基础上依次命名，例如原来有 3 个工作表，则新工作表名称为"Sheet4"。在 Excel 2007 中插入新工作表的具体操作步骤如下：

步骤 1：在工作表标签上单击鼠标右键，在弹出的快捷菜单中选择【插入】命令，如图 7-16 所示。

步骤 2：在弹出的【插入】对话框中切换到【常用】选项卡，选择其中的"工作表"选项，然后单击 确定 按钮，即可在当前工作表的前面插入一张新的工作表，如图 7-17 所示。

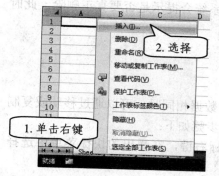

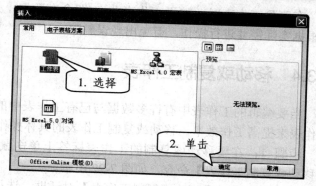

图 7-16　执行【插入】命令　　　　　　　　　　图 7-17　【插入】对话框

除了使用上述方法插入工作表外，Excel 2007 还提供了两种快速插入工作表的方法：一是在工作表标签的右侧单击"插入工作表"按钮，快捷键是 Shift+F11，如图 7-18 所示；二是在【开始】选项卡的"单元格"组中单击按钮下方的小箭头，在打开的下拉列表中选择【插入工作表】选项，如图 7-19 所示。

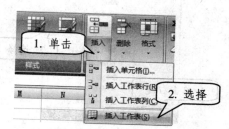

图 7-18　插入工作表　　　　　　　　　　　　图 7-19　插入工作表

如果工作簿中包含多余的工作表，可以将其删除。删除工作表的具体操作方法为：在要删除的工作表标签上单击鼠标右键，在弹出的快捷菜单中选择【删除】命令，如图 7-20 所示；也可以在【开始】选项卡的"单元格"组中单击按钮下方的小箭头，在打开的下拉列表中选择【删除工作表】选项，如图 7-21 所示。

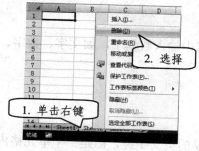

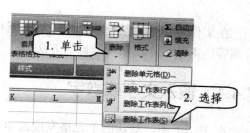

图 7-20　执行【删除】命令　　　　　　　　　　图 7-21　删除工作表

在删除工作表时，如果工作表非空(即含有数据)，系统会提示是否要真正删除，此时要根据实际需要进行操作，避免出现误删除。

7.3.4 移动或复制工作表

当要编辑的工作表中有许多数据与已有工作表中的数据相同时，可以通过移动或复制工作表来提高工作效率。移动或复制工作表的具体操作步骤如下：

步骤 1：在要移动或复制的工作表标签上单击鼠标右键，在弹出的快捷菜单中选择【移动或复制工作表】命令，如图 7-22 所示。

步骤 2：打开【移动或复制工作表】对话框，选择工作表移动或复制的目标位置，如果要复制工作表，再勾选【建立副本】选项，单击 确定 按钮，即可完成工作表的移动或复制操作，如图 7-23 所示。

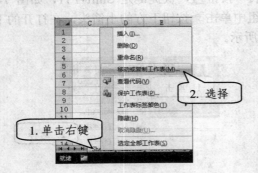
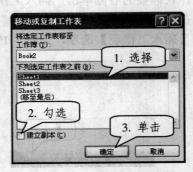

图 7-22　执行【移动或复制工作表】命令　　图 7-23　【移动或复制工作表】对话框

除此以外，用户也可以直接使用鼠标拖动要移动的工作表标签到目标位置，从而完成移动操作；如果按住 Ctrl 键的同时拖动工作表标签到目标位置，可以复制工作表。

📖7.4　输入数据

在工作表中单击某个单元格以后，就可以向其中输入数据了，如文字、数字、时间与日期等。本节将介绍输入数据的方法。

7.4.1 输入文字或数字

在 Excel 中，默认的单元格宽度是 8 个 12 磅的英文字符，但是一个单元格内最多可以输入 3200 个字符。输入文字或数字的步骤如下：

步骤 1：在工作表中单击一个单元格。

步骤 2：在单元格内输入所需的数字或文本。

步骤 3：按下 Enter 键结束输入，光标向下移动一行；而按下 Tab 键也可以结束输入，但光标向右移动一列，如图 7-24 所示。

图 7-24 按 Enter 键或 Tab 键结束输入

步骤 4：如果要在单元格中换行，则需要按下 Alt+Enter 键，然后再继续输入文字或数字，如图 7-25 所示。

步骤 5：如果希望输入的文字能够自动换行，可以在【开始】选项卡的"对齐方式"组中单击 按钮，然后再输入文字，如图 7-26 所示。

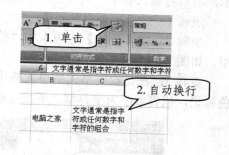

图 7-25 按 Alt+Enter 键换行 图 7-26 自动换行

输入数字与文字时，要注意以下几个问题：

➥ 数字中可以包含逗号，如"1，653，300"。

➥ 数字中的单个英文句点作为小数点处理，如"56.362"。

➥ 在数字前输入的加号将被忽略。

➥ 负数的前面应加上一个减号或用圆括号将数字括起来，如"(35.2)"。

➥ 当数字的位数超过 11 位时，Excel 将自动使用科学记数法来表示输入的数字，如输入"23659875632589"时，Excel 会用"2.366E+13"来表示该数字。

➥ 输入文字时，如果超过了默认的单元格宽度，当右侧单元格中有内容时，则该单元格中的文字只能显示一部分，此时用户可以从编辑栏中查看全部内容，如图 7-27 所示。

➥ 输入数字时，如果数字的位数超出了单元格宽度，则可能显示#####。要显示所有内容，必须增加列宽，如图 7-28 所示。

图 7-27　在编辑栏中查看全部内容

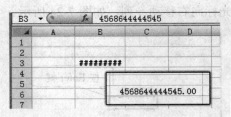

图 7-28　加宽单元格显示

7.4.2　输入字符型数字

所谓字符型数字，是指不参与数学运算的数字，例如电话号码、区号、身份证号码、学生编号等。对于这类数字，可以首先将空单元格设置为文本格式，使数字以文本格式显示，然后再输入数字。具体操作步骤如下：

步骤 1：选择一个空单元格。

步骤 2：在【开始】选项卡的"数字"组中设置"数字格式"下拉列表为"文本"类型，如图 7-29 所示。

步骤 3：在已设置格式的单元格中输入所需的数字即可，这时单元格左上角有一个绿色标记，代表数字为字符型，不参与运算，如图 7-30 所示。

图 7-29　设置数字格式

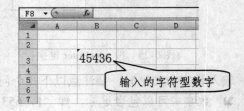

图 7-30　输入的字符型数字

7.4.3　日期和时间的输入

在 Excel 中，当在单元格中输入可识别的日期和时间数据时，单元格的格式就会自动转换成为相应的日期或时间格式。

在 Excel 中，可以使用下列快捷键设置日期和时间格式：

➥ 输入系统当前日期，使用 Ctrl + ; 快捷键。

➥ 输入系统当前时间，使用 Ctrl + Shift + ; 快捷键。

➥ 使用 12 小时计时方式，可采用"时间+空格+am／pm"格式，如"5：00 pm"表示下午 17：00。

➥ 系统默认使用 24 小时制，无须输入 am 或 pm。

7.4.4 快速填充

在 Excel 中，对于一些规律性比较强的数据，可以使用快速填充的方法输入，从而提高工作效率，减少出错率。这里将介绍一些快速填充的方法，供读者参考。

1．填充相同数据

如果要在多个单元格中输入相同的数据，可以参照以下步骤操作：

步骤 1：先选定多个单元格区域，如图 7-31 所示。

步骤 2：在单元格中输入数字或文字等内容，例如，输入"学电脑"。

步骤 3：按住 Ctrl 键的同时敲回车键，则选定的单元格全部填上了同样的内容，如图 7-32 所示。

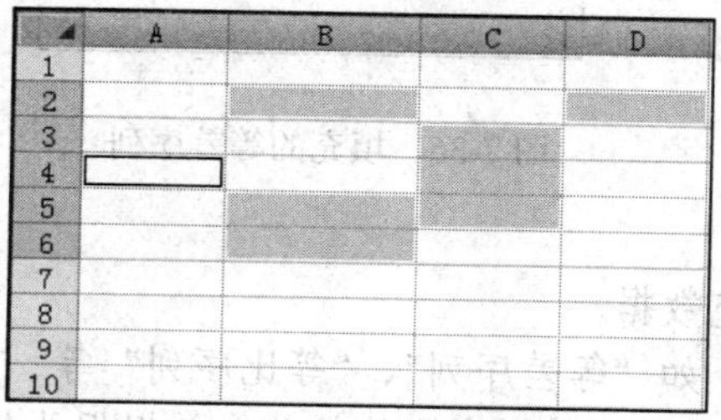

图 7-31　选定多个单元格区域 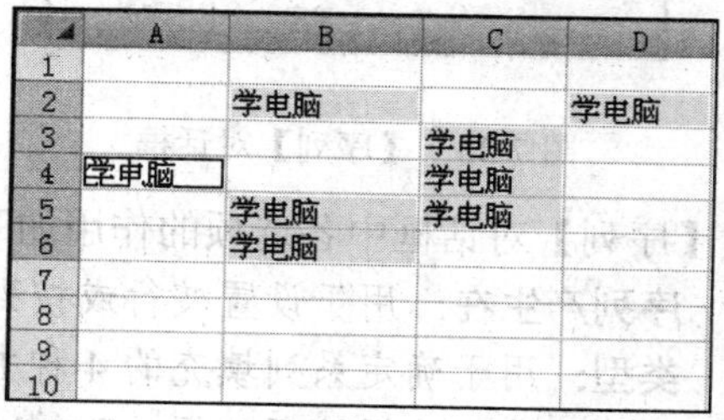　　　　图 7-32　填充相同的内容

2．填充序列

填充序列在实际工作中运用范围很广，用户可以按照等比序列、等差序列等类型进行手动填充。

下面，以等差序列为例介绍填充序列的方法，具体操作步骤如下：

步骤 1：首先在一个单元格中输入一个起始值，如图 7-33 所示。

步骤 2：在【开始】选项卡的"编辑"组中单击 填充 按钮，在打开的下拉列表中选择【系列】选项，如图 7-34 所示。

图 7-33 输入的起始值

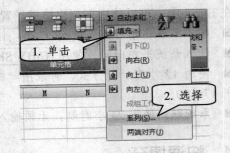

图 7-34 选择【系列】选项

步骤 3：在打开的【序列】对话框中选择【等差序列】选项，并设置步长值、终止值，如图 7-35 所示。

步骤 4：单击 确定 按钮，则在单元格中填充了等差序列，如图 7-36 所示。

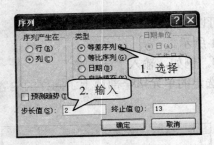

图 7-35 【序列】对话框

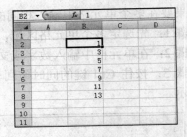

图 7-36 填充的等差序列

在【序列】对话框中各选项的作用如下：

- **序列产生在**：用于设置按行或按列填充数据。
- **类型**：用于确定系列填充的 4 种类型，如"等差序列"、"等比序列"等。
- **预测趋势**：选择该复选框，Excel 将自动预测数据变化的趋势，并根据此趋势进行填充。
- **步长值**：用于设置等差序列的公差或等比序列的公比。
- **终止值**：用于设置序列的结束值。

3．自动填充

Excel 有一个特殊的工具——填充柄，如图 7-37 所示，即黑框右下角的小黑点。将光标指向它时，光标会变成一个细的黑十字形，这时拖动鼠标可以填充相应的内容，这种操作称为"自动填充"。对于一些有规律的数据，比如 1、3、5、7……，A1、A2、A3……，用户可以使用自动填充的方法快速完成，无须逐个输入。

使用填充柄填充单元格时有两种情况需要分别说明：

第一，如果选定单元格中的内容是不存在序列状态的文本，拖动填充柄时将对文本进行复制，如图7-38所示。

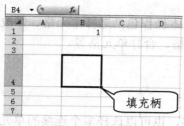

图7-37　填充柄

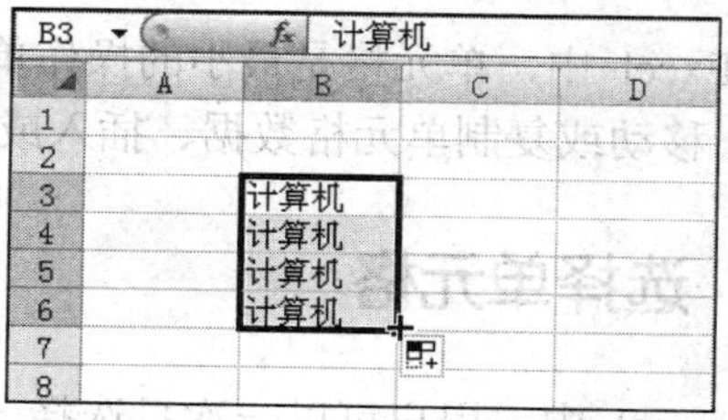

图7-38　复制文本

第二，如果选定单元格中的内容是序列，拖动填充柄时将自动填充序列。例如，在一个单元格中输入"星期一"，选定该单元格后拖动填充柄，将依次填充"星期二、星期三、……"，如图7-39所示。

如果按住鼠标右键进行拖动，释放鼠标后将弹出一个快捷菜单，通过这个菜单可以确定填充方式，如图7-40所示。

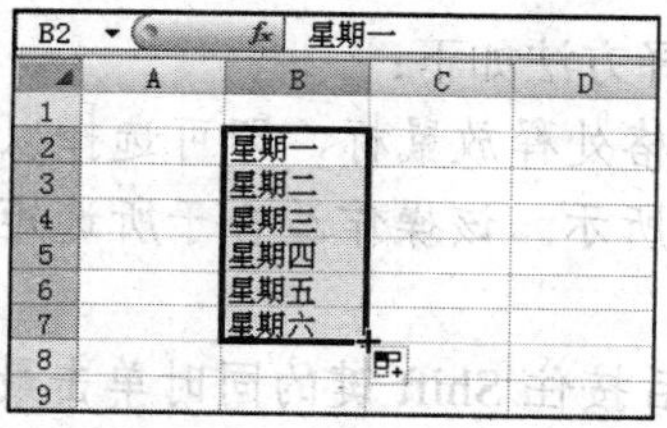

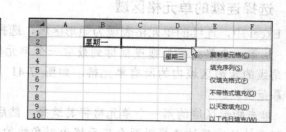

图7-39　填充序列

图7-40　快捷菜单

通常情况下，可以自动填充的序列类型有以下几种：

时间序列： 包括年、月、日、时间、季度等增长或循环的序列，如"一月、二月、三月……"。

等差序列： 两两差值相等的数字，如"1、4、7、10……"。

等比序列： 两两比例因子相等的数字，如"2、4、8、16……"。

扩展序列： 由文本与数字构成的序列，如"产品1、产品2、产品3……"。

重点提示

① 填充等差序列时应先确定步长值。因此填充这类序列时需要先输入前两项，然后再选定这两个单元格，拖动填充柄，否则仅复制数字。② 填充等比序列时也需要先输入前两项，确定比例因子，然后按住鼠标右键拖动填充柄，在弹出的快捷菜单中选择【等比序列】命令。③ 在 Excel 中，拖动完填充柄之后，在最后一个单元格右下角出现"自动填充选项"标记，单击该标记可以选择填充方式。

📖 7.5 单元格的操作

在 Excel 中，单元格是最小的操作单位，其基本操作包括选择单元格、修改单元格内的数据、移动或复制单元格数据、插入或删除单元格、合并单元格等。

7.5.1 选择单元格

在 Excel 中，用户可以一次只选择一个单元格，也可以选择多个连续的单元格，还可以同时选择多个不连续的单元格。

1．选择一个单元格

如果要选择一个单元格，在该单元格上直接单击鼠标即可。另外，按下键盘上的 Tab 键或方向键→←↑↓，也可以选择一个单元格。

2．选择连续的单元格区域

在 Excel 中，连续的单元格表现为矩形区域，选择方法如下：

➡ 从第一个单元格处拖曳鼠标到最后一个单元格处释放鼠标，即可选择以两个单元格为对角线的矩形区域内的所有单元格，如图 7-41 所示。该操作适合于所选矩形区域在同一屏幕范围内。

➡ 单击矩形区域的第一个单元格将其选择，然后按住 Shift 键的同时单击最后一个单元格，即可快速准确地选择以两个单元格为对角线的矩形区域。该操作对超出了同一屏幕范围的连续区域尤为方便。

➡ 单击全选按钮或按下 Ctrl+A 键，可以选择整个工作表，如图 7-42 所示。

图 7-41　选择连续的单元格

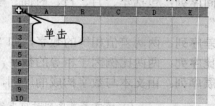

图 7-42　选择整个工作表

3．选择不连续的单元格或区域

如果要选择不连续的单元格或区域，可以先选择第一个单元格或区域，然后按住 Ctrl 键的同时选择其他单元格或区域，如图 7-43 所示。

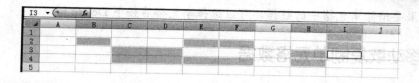

图 7-43　选择不连续的单元格

4．选择整行或整列单元格

选择整行或整列单元格的操作方法比较简单，直接单击行号或列标，即可选择一行或一列中的所有单元格，如图 7-44 所示。

如果要选择连续的行或列，可以按住 Shift 键后单击要选择的行号或列标，也可以将光标移动到开始的行号或列标上，按住鼠标左键拖动鼠标到结束行号或列标即可，如图 7-45 所示。

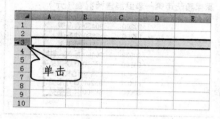

图 7-44　选择一行单元格

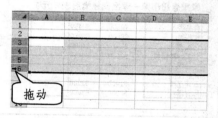

图 7-45　选择连续的行

如果要选择不连续的行或列，则需要按住 Ctrl 键并分别单击要选择的行或列的行号或列标。

7.5.2　修改单元格数据

在进行数据输入时难免会出现输入错误的现象，这时就需要修改已经输入的数据。具体的修改方法如下。

➨　选择需要修改数据的单元格，直接输入新的数据，则新输入的数据将替换掉原来的内容。

➨　如果只需要修改原来内容中的个别字，可以双击单元格或按下 F2 键，进入可编辑状态，将插入点光标移动到要修改的位置处进行修改，然后单击编辑栏中的✓按钮确认操作。

➨　选择需要修改数据的单元格，这时单元格中的内容将显示在编辑栏中，在编辑栏中单击鼠标定位插入点，或者选择要修改的内容，然后输入新的内容即可。

➡ 如果要清除单元格中的数据，可以选择单元格后按下 Delete 键。

7.5.3 移动或复制单元格数据

在 Excel 中可以很方便地对单元格内的数据进行移动或复制操作。通常情况下，可以使用鼠标移动或复制单元格数据，也可以使用工具按钮完成移动或复制操作。

如果要使用鼠标移动或复制单元格内的数据，可以按如下步骤操作：

步骤 1：选择要移动或复制的单元格或单元格区域。

步骤 2：如果要进行移动，可以将光标指向所选单元格的边框，当光标变成箭头形状时按住鼠标左键拖动到新位置，如图 7-46 所示。

步骤 3：释放鼠标后，所选单元格中的内容即被移动到新的位置，如图 7-47 所示。

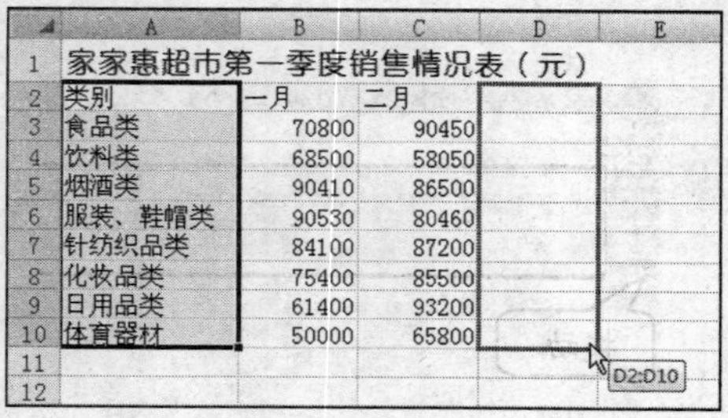

	A	B	C	D	E
1	家家惠超市第一季度销售情况表（元）				
2	类别	一月	二月		
3	食品类	70800	90450		
4	饮料类	68500	58050		
5	烟酒类	90410	86500		
6	服装、鞋帽类	90530	80460		
7	针纺织品类	84100	87200		
8	化妆品类	75400	85500		
9	日用品类	61400	93200		
10	体育器材	50000	65800		
11					
12				D2:D10	

图 7-46　移动单元格内容

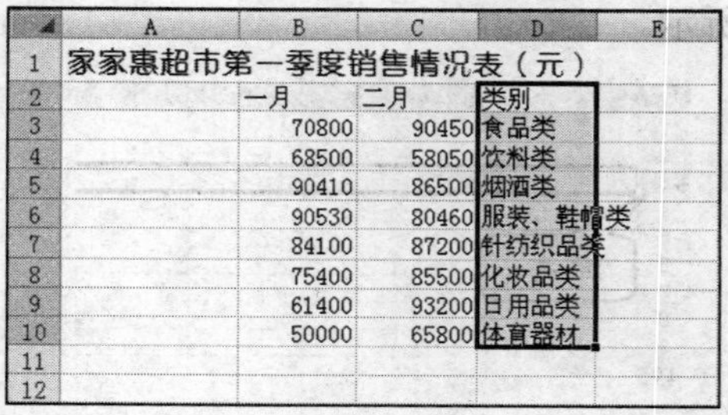

	A	B	C	D	E
1	家家惠超市第一季度销售情况表（元）				
2		一月	二月	类别	
3		70800	90450	食品类	
4		68500	58050	饮料类	
5		90410	86500	烟酒类	
6		90530	80460	服装、鞋帽类	
7		84100	87200	针纺织品类	
8		75400	85500	化妆品类	
9		61400	93200	日用品类	
10		50000	65800	体育器材	
11					
12					

图 7-47　移动后的单元格内容

步骤 4：如果要进行复制，可以将光标指向所选单元格的边框，当光标变成箭头形状时，先按住 Ctrl 键，再按住鼠标左键拖动到新位置即可。

如果要使用工具按钮移动或复制单元格内的数据，可以按如下步骤操作：

步骤 1：选择要移动或复制的单元格或单元格区域，在【开始】选项卡的"剪贴板"组单击 ✂ 剪切 按钮或 📋 复制 按钮。

步骤 2：选择目标单元格或单元格区域，在【开始】选项卡的"剪贴板"组单击 📋 按钮，即可以完成移动或复制单元格中内容的操作。

7.5.4 插入或删除单元格

用户可以根据需要在工作表中插入空的单元格，操作步骤如下：

步骤 1：选择单元格或单元格区域，要插入多少单元格就选择多少单元格。

步骤 2：在【开始】选项卡的"单元格"组单击 📋 按钮下方的小箭头，在打开的下拉列表中选择【插入单元格】选项，如图 7-48 所示。

步骤3：在打开的【插入】对话框中选择一种插入方式，如图7-49所示。

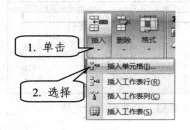
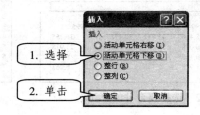

图7-48 选择【插入单元格】选项　　　　　　图7-49 【插入】对话框

步骤4：单击 确定 按钮，即可插入单元格。

在【插入】对话框中，各选项的作用如下：

➥ **活动单元格右移**：选择该选项，则插入单元格后原单元格向右移动。

➥ **活动单元格下移**：选择该选项，则插入单元格后原单元格向下移动。

➥ **整行**：选择该选项，将插入整行单元格。

➥ **整列**：选择该选项，将插入整列单元格。

删除单元格的操作与插入单元格类似：选择要删除的单元格，在【开始】选项卡的"单元格"组单击 按钮下方的小箭头，在打开的下拉列表中选择【删除单元格】选项，如图7-50所示，在弹出的【删除】对话框中选择一种删除方式，单击 确定 按钮即可，如图7-51所示。

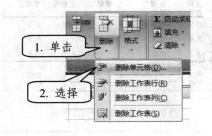
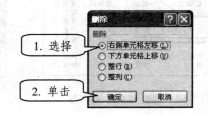

图7-50 选择【删除单元格】选项　　　　　　图7-51 【删除】对话框

7.5.5 合并单元格

在制作表格时，如果表格的标题内容较长，而且要居中显示，需要占用多个单元格，这时就需要合并单元格。合并单元格的具体操作步骤如下：

步骤1：选择要合并的单元格，如图7-52所示。

步骤2：在【开始】选项卡的"对齐方式"组中单击 合并后居中 按钮，即可合并单元格，并使内容居中显示，如图 7-53 所示。

	A	B	C	D	E
1	生产、出口能力比较				
2		生产(万美元)		出口(万美元)	
3		1994	1995	1994	1995
4	合计	38,416	45,832	30,477	36,255
5	电子元器件	20,028	24,657	17,451	21,918
6	消费类电子	10,410	11,439	7,356	8,075
7	投资类电子	7,978	9,736	5,670	6,262
8					

图 7-52　选择要合并的单元格

	A	B	C	D	E
1	生产、出口能力比较				
2		生产(万美元)		出口(万美元)	
3		1994	1995	1994	1995
4	合计	38,416	45,832	30,477	36,255
5	电子元器件	20,028	24,657	17,451	21,918
6	消费类电子	10,410	11,439	7,356	8,075
7	投资类电子	7,978	9,736	5,670	6,262
8					

图 7-53　合并后的单元格

7.5.6　调整行高、列宽

　　编辑工作表时经常会遇到一些麻烦，如有些单元格中的文字只显示了一半，有些单元格只显示"######"等。这些情况都是因为单元格的行高或列宽不满足要求造成的，需要通过调整行高或列宽来解决。

　　将光标指向两行或两列之间，当光标变成双向箭头时拖动鼠标，即可调整行高与列宽。如图 7-54 所示是调整列宽时的状态。

　　如果要更改多行或多列的宽度，需要选择要更改的所有行或列，然后将光标指向任意两行或两列之间，当光标变成双向箭头时，拖动鼠标调整至合适的行高或列宽即可，如图 7-55 所示。

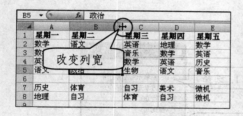

图 7-54　调整列宽时的状态

图 7-55　更改多行的行高

重点提示　　将光标指向两行或两列之间，当光标变成双向箭头时双击鼠标，则行高与列宽将调整为该行或该列中能容纳最多字符的高度或宽度。

📖7.6　美化表格

　　要美化工作表，首先应该从设置单元格的格式开始。设置单元格的格式包括设置数字类型、对齐方式、字体、字号、边框、背景等。

7.6.1 设置数字格式

由于 Excel 是一种电子表格，它的主要操作对象是数字，因此经常需要将数字设置为一定的数字格式，以方便用户识别与操作。设置数字格式的操作步骤如下：

步骤 1：选择要设置格式的单元格区域。

步骤 2：在【开始】选项卡的"数字"组中单击 常规 按钮右侧的小箭头，在打开的下拉列表中选择所需要的格式，如图 7-56 所示。

步骤 3：选择了格式以后，马上得到相应的效果，如图 7-57 所示。

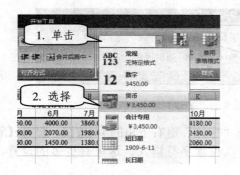

图 7-56 选择所需要的数字格式

图 7-57 应用格式后的数字

步骤 4：如果在下拉列表中选择【其他数字格式】选项，则打开【设置单元格格式】对话框，在这里可以设置更多的数字格式，如图 7-58 所示。

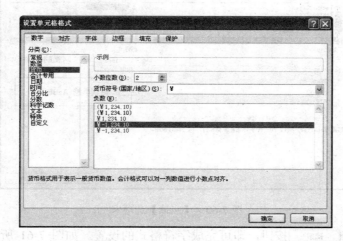

图 7-58 【设置单元格格式】对话框

步骤 5：单击 确定 按钮，则所选单元格中的数字将按指定的格式显示。

7.6.2 设置字符格式

为了美化工作表，可以设置字符的格式，这也是美化工作表外观的最基本方法。字符格式主要包括字体、字号、颜色等。设置字符格式的基本操作步骤如下：

步骤 1：选择要设置字符格式的单元格区域。

步骤 2：在【开始】选项卡的"字体"组中可以设置字体、字形、字号、颜色及特殊效果等属性，如图 7-59 所示，具体方法可以参照 Word 部分的内容。

图 7-59　【开始】选项卡的"字体"组

步骤 3：如果要进行更多的设置，可以单击"字体"组右下角的 按钮，打开【设置单元格格式】对话框，在【字体】选项卡中可以设置字符格式。这里有更多的设置，如"上标"或"下标"等，如图 7-60 所示。

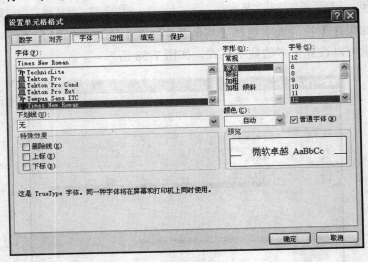

图 7-60　【字体】选项卡

步骤 4：单击 确定 按钮，即可完成字符格式的设置。如图 7-61 所示为设置了多种字符格式后的表格效果。

	A	B	C	D	E	F	G
1	家庭收支帐目						
2	月份	1月	2月	3月	4月	5月	6月
3	工资收入	￥3,450.00	￥3,600.00	￥3,500.00	￥3,200.00	￥3,450.00	￥4,000.00
4	综合支出	￥2,158.00	￥2,860.00	￥1,970.00	￥1,800.00	￥1,860.00	￥2,070.00
5	额外收入	￥1,230.00	￥1,580.00	￥1,300.00	￥980.00	￥860.00	￥1,450.00
6	结余						

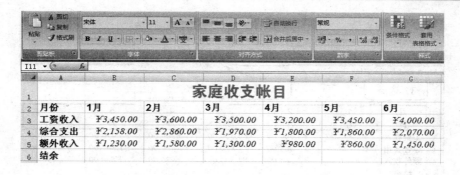

图 7-61　设置了多种字符格式后的表格效果

7.6.3　设置对齐格式

默认情况下，输入到单元格中的文字居左显示，而数字、日期和时间则居右显示。如果要改变单元格内容的对齐方式，可以按如下步骤进行操作：

步骤 1：选择要设置对齐方式的单元格区域。

步骤 2：在【开始】选项卡的“对齐方式”组中单击水平或垂直对齐按钮，如图 7-62 所示，就可以设置相应的对齐效果。如图 7-63 所示为居中对齐后的效果。

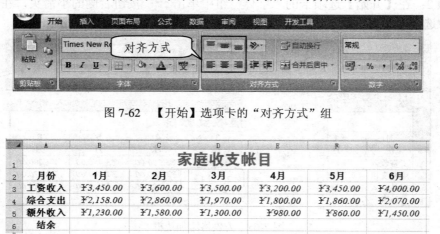

图 7-62　【开始】选项卡的“对齐方式”组

	A	B	C	D	E	F	G
1	家庭收支帐目						
2	月份	1月	2月	3月	4月	5月	6月
3	工资收入	￥3,450.00	￥3,600.00	￥3,500.00	￥3,200.00	￥3,450.00	￥4,000.00
4	综合支出	￥2,158.00	￥2,860.00	￥1,970.00	￥1,800.00	￥1,860.00	￥2,070.00
5	额外收入	￥1,230.00	￥1,580.00	￥1,300.00	￥980.00	￥860.00	￥1,450.00
6	结余						

图 7-63　居中对齐后的效果

步骤 3：选择单元格区域，例如选择第 2 行的表头，在【开始】选项卡的“对齐方式”组中单击按钮，在打开的下拉列表中选择【竖排文字】选项，可以改变文字的方向，如图 7-64 所示。

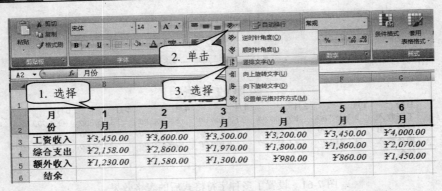

图 7-64 改变文字方向后的效果

7.6.4 设置边框和底纹

在 Excel 中，默认情况下网格线是不打印的，因此制作完表格后需要添加表格边框。另外，为了美化装饰表格，还可以为部分单元格添加底纹或图案，突出显示单元格内容。为表格或单元格添加边框的操作步骤如下：

步骤 1：选择要添加边框的表格或单元格。

步骤 2：在【开始】选项卡的"字体"组中单击 田 按钮右侧的小箭头，在打开的下拉列表中选择【所有框线】选项，则为表格添加了边框，如图 7-65 所示。

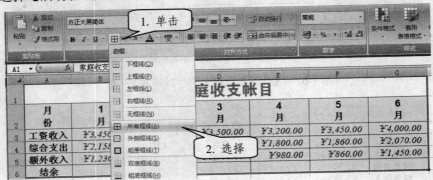

图 7-65 为表格添加边框

重点提示 在添加边框前应该先选择边框的样式和边框颜色，然后再添加边框，否则设置的样式和颜色将不生效。另外，为表格添加边框时应该掌握一个原则——先整体后局部，即先添加整体边框，然后再局部修改边框，这样可以减少工作量。

步骤 3：如果要进行更丰富的边框设置，可以在下拉列表中选择【其他边框】选项，打开【设置单元格格式】对话框，在【边框】选项卡中进行设置，如图 7-66 所示。

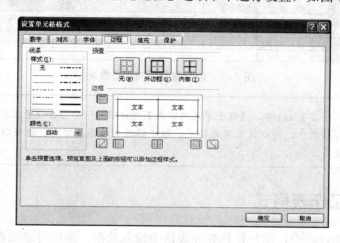

图 7-66　【边框】选项卡

步骤 4：单击 确定 按钮，即可完成表格边框的设置。

设置了表格边框以后，还可以为表格或单元格添加底纹，使其更加美观，具体操作步骤如下：

步骤 1：选择要添加底纹的单元格区域，如 A2：G2。

步骤 2：在【开始】选项卡的"字体"组中单击 按钮右侧的小箭头，在打开的下拉列表中选择一种颜色，则添加了底纹效果，如图 7-67 所示。

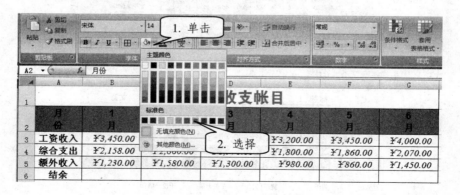

图 7-67　添加底纹效果

步骤 3：用同样的方法，可以为其他单元格区域添加底纹效果，如图 7-68 所示。

家庭收支帐目						
月份	1月	2月	3月	4月	5月	6月
工资收入	¥3,450.00	¥3,600.00	¥3,500.00	¥3,200.00	¥3,450.00	¥4,000.00
综合支出	¥2,158.00	¥2,860.00	¥1,970.00	¥1,800.00	¥1,860.00	¥2,070.00
额外收入	¥1,230.00	¥1,580.00	¥1,300.00	¥980.00	¥860.00	¥1,450.00
结余						

图 7-68　添加底纹后的表格效果

重点提示　在 Excel 中，【设置单元格格式】对话框是一个综合设置工具，在这个对话框中，可以设置字符格式、数字格式、对齐与方向、边框以及填充底纹等。

7.6.5　设置工作表格式

在制作表格的过程中，用户往往先在表格中输入数据，然后再逐项设置表格的格式，这样制作出来的表格具有鲜明的个性，但会浪费大量的时间。在 Excel 中，系统预设了多种表格样式，用户可以根据需要选择一种表格样式，直接将其应用到表格中，这样可以大大提高工作效率。自动套用格式的基本操作步骤如下：

步骤 1：选择要套用格式的单元格区域。

步骤 2：在【开始】选项卡的"样式"组中单击 按钮，在打开的下拉列表中可以选择要套用的单元格格式，如图 7-69 所示。

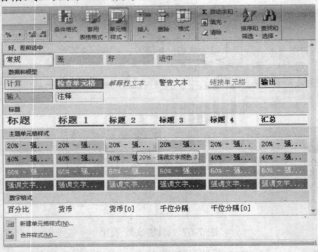

图 7-69　选择要套用的单元格格式

步骤 3：如果要对整个表格套用格式，则在【开始】选项卡的"样式"组中单击 按钮，在打开的下拉列表中选择一种表格格式即可，如图 7-70 所示。

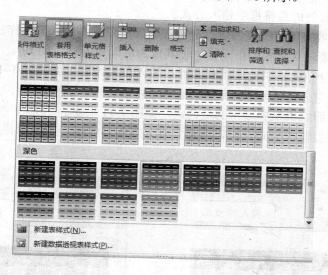

图 7-70　选择要套用的表格格式

重点提示　自动套用表格格式以后，将出现【设计】选项卡，在该选项卡中可以修改表样式、清除表样式、添加表样式等。

7.7　使用公式和函数计算表格中的数据

在 Excel 中，公式是一个很重要的角色，可以说没有公式的工作表只能算做是一个"表格"，不能称其为"电子表格"。公式与函数是 Excel 的核心功能，可以完成各种各样的数据运算，而且计算结果准确无误，使我们从繁杂无序的数字中解放出来，大大提高了工作效率。

7.7.1　使用公式计算数据

Excel 中的公式是由数字、运算符、括号、单元格引用位置、工作表函数等组成的有效字符串，使用公式可以计算工作表中的各种数据。输入公式的操作类似于输入字符型数据，不同的是输入公式时要以等号"="开头，然后才是公式的表达式。

通过以下两种方式可以输入公式：

➥ 直接在单元格中输入公式。

➥ 在编辑栏右侧的编辑框中输入公式。

下面以"家庭收支账目"表为例，介绍在单元格中输入公式的操作步骤：

步骤 1：单击要输入公式的单元格，使其成为活动单元格，如 B6。

步骤 2：在活动单元格中输入"="，然后输入公式内容，如"=B3−B4+B5"。

步骤 3：输入完公式后按下回车键，或者单击编辑栏中的 ✓ 按钮，这时单元格中将直接显示计算结果，而编辑框中显示的是公式，如图 7-71 所示。

步骤 4：如果要修改公式，可以选择含有公式的单元格，在编辑栏中进行修改，如图 7-72 所示。

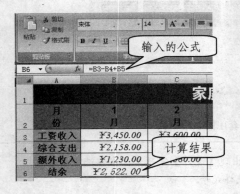

图 7-71　输入公式后的运算结果

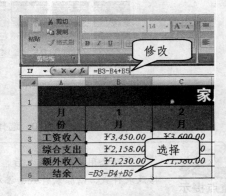

图 7-72　修改公式

重点提示　输入公式时，也可以在输入运算符以后单击要参与运算的单元格，这时将在公式中出现该单元格地址。这种操作方法比完全使用手工录入要快一些，读者可以尝试一下。

步骤 5：用同样的方法，可以计算出 2～6 月的结余。也可以将光标指向 B6 单元格右下角的填充柄，当光标变为黑十字形状时，按住左键水平向右拖动鼠标复制公式，直到要填写公式的单元格区域(如到 G6 单元格)都包括在虚线框内，如图 7-73 所示。

	A	B	C	D	E	F
1		家庭收支帐目				
2	月 份	1 月	2 月	3 月	4 月	5 月	6 月
3	工资收入	¥3,450.00	¥3,600.00	¥3,500.00	¥3,200.00	¥3,450.00	¥4,000.00
4	综合支出	¥2,158.00	¥2,860.00	¥1,970.00	¥1,800.00	¥1,860.00	¥2,070.00
5	额外收入	¥1,230.00	¥1,580.00	¥1,300.00	¥980.00	¥860.00	¥1,450.00
6	结余	¥2,522.00	¥2,320.00	¥2,830.00	¥2,380.00	¥2,450.00	¥3,380.00
7							

图 7-73　复制公式

7.7.2　计算结果的显示

在 Excel 中使用公式时，单元格中直接显示运算结果，一旦公式使用有误，就不会显示正确的结果，而是在单元格中给出错误提示。以下是常见的错误提示以及产生的原因，如果出现下列字符，需要修正其中的错误之处。

- ➤ #DIV /0!　　表示除数为零。
- ➤ #N/A　　　　表示引用了当前不能使用的值。
- ➤ #NAME?　　表示使用了 Excel 不能识别的名字。
- ➤ #NULL!　　　表示指定了无效的"空"内容。
- ➤ #NUM!　　　表示使用数字的方式不正确。
- ➤ #VALUE!　　表示使用了不正确的参数或运算对象。
- ➤ #####　　　表示运算结果太长，应增加列宽。

7.7.3　手工输入函数

Excel 中的常用函数有 SUM( )、AVERAGE( )、COUNT( )、MAX( )和 MIN( )，分别用于求和、求平均值、计数、求最大值和求最小值。使用函数时可以直接手工输入，下面以 SUM( )函数为例，介绍如何使用函数。

步骤 1：单击要输入函数的单元格，如 F3。

步骤 2：在单元格中输入"="，然后再输入函数表达式，如"SUM(B3:E3)"，如图 7-74 所示。

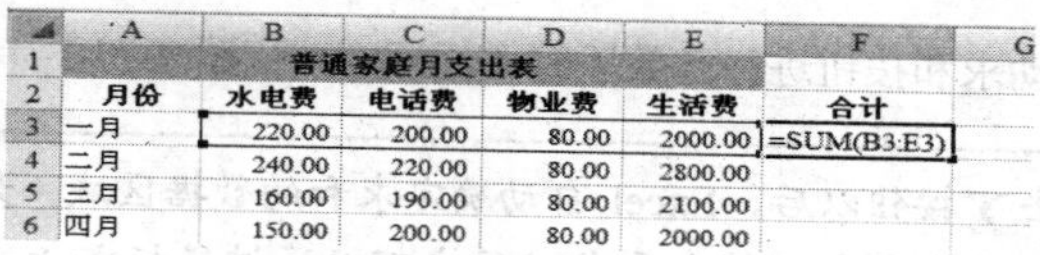

图 7-74　输入函数表达式

步骤 3：输入完函数表达式后按下回车键，或者单击编辑栏中的 ✔ 按钮，这时单元格中将直接显示计算结果，而编辑框中显示的是函数，如图 7-75 所示。

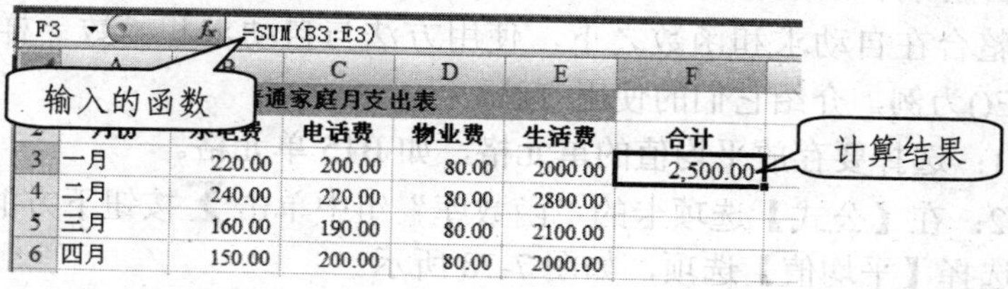

图 7-75　计算结果

重点提示

在 Excel 中不仅可以使用公式计算数据，而且可以使用预置的函数进行运算，使用函数可以简化和缩短公式。例如公式"=A1+A2+A3+…+A9"，使用函数表示则为"=SUM(A1:A9)"，非常简洁。

7.7.4 自动计算功能

为了方便用户的使用，Excel 将一些常用的函数设置为自动输入形式。例如，最典型的就是自动求和，Excel 将其设定成一个自动求和按钮 Σ，存放在【公式】选项卡的"函数库"组中。下面介绍自动求和函数的使用，具体操作步骤如下：

步骤 1：选择要存放求和结果的单元格，如 F4 单元格。

步骤 2：在【公式】选项卡的"函数库"组中单击 Σ 按钮，Excel 会自动将其左侧的数据区域作为自动求和的数据，并在 F4 单元格中输入一个函数，如图 7-76 所示。

步骤 3：按下回车键即可得到求和结果，如图 7-77 所示。

B	C	D	E	F
		普通家庭月支出表		
水电费	电话费	物业费	生活费	合计
220.00	200.00	80.00	2000.00	2,500.00
240.00	220.00	80.00	2800.00	=SUM(B4:E4)
160.00	190.00	80.00	2100.00	SUM(number1
150.00	200.00	80.00	2000.00	
170.00	220.00	80.00	2500.00	
210.00	190.00	80.00	2200.00	
230.00	180.00	80.00	2300.00	
240.00	190.00	80.00	2100.00	
180.00	200.00	80.00	2200.00	

图 7-76 使用自动求和按钮进行函数运算

B	C	D	E	F
		普通家庭月支出表		
水电费	电话费	物业费	生活费	合计
220.00	200.00	80.00	2000.00	2,500.00
240.00	220.00	80.00	2800.00	3,340.00
160.00	190.00	80.00	2100.00	
150.00	200.00	80.00	2000.00	
170.00	220.00	80.00	2500.00	
210.00	190.00	80.00	2200.00	
230.00	180.00	80.00	2300.00	
240.00	190.00	80.00	2100.00	
180.00	200.00	80.00	2200.00	

图 7-77 计算结果

重点提示

单击 Σ 按钮以后，Excel 自动确定求和的数据区域。如果 Excel 所选择的数据区域有误或不符合要求，用户可以通过鼠标重新选择"自动求和"的数据区域，这一特性对其他函数也适用。

除了自动求和函数以外，求平均值、计数、求最大值与最小值等函数也可以自动计算，它们整合在自动求和函数之下，使用方法与自动求和函数一样。下面以平均值函数 AVERAGE()为例，介绍它们的使用方法。

步骤 1：选择要存放平均值的单元格，如 B15 单元格。

步骤 2：在【公式】选项卡的"函数库"组中单击 Σ 按钮下方的小箭头，在打开的下拉列表中选择【平均值】选项，如图 7-78 所示。

步骤 3：这时 Excel 自动将上面的数据作为求平均值的数据，如图 7-79 所示。

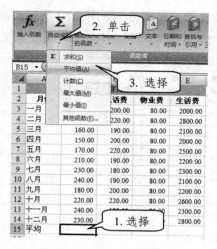

图 7-78 插入平均值函数

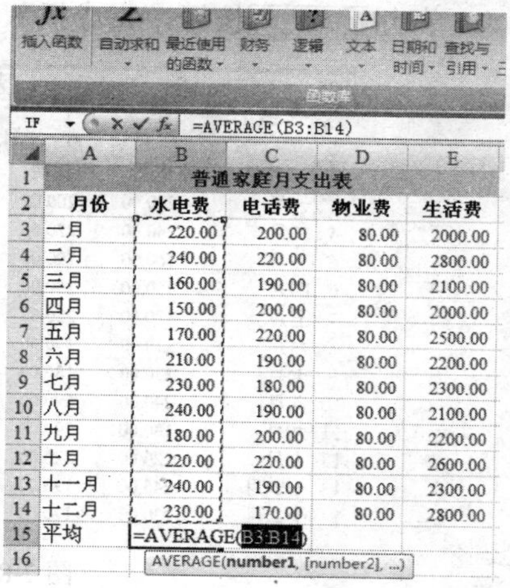

图 7-79 自动确定计算数据

步骤4：按下回车键即可得到平均值。

7.7.5 使用向导输入函数

Excel 中包含了大量的函数，而且分为若干类型。要求记住每一个函数不太现实，所以 Excel 提供了向导功能，用户只要明确所使用的函数属于哪一类，就可以通过向导快速地插入函数。下面以逻辑函数 IF 为例，介绍插入函数的方法。

步骤1：选择要插入函数的单元格，如 G3 单元格。

步骤2：在【公式】选项卡的"函数库"组中单击 ▓ 按钮，在打开的下拉列表中选择【IF】函数，如图 7-80 所示。

步骤3：在打开的【函数参数】对话框中设置函数的相应参数，如图 7-81 所示。

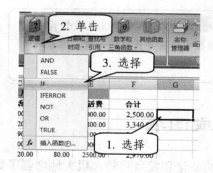

图 7-80 插入 IF 函数

图 7-81 【函数参数】对话框

步骤 4：单击 确定 按钮，完成插入函数操作，显示结果如图 7-82 所示。

	A	B	C	D	E	F	G
	G3	▼	fx	=IF(F3>3000,"超支","没超支")			
1			普通家庭月支出表				
2	月份	水电费	电话费	物业费	生活费	合计	
3	一月	220.00	200.00	80.00	2000.00	2,500.00	没超支
4	二月	240.00	220.00	80.00	2800.00	3,340.00	
5	三月	160.00	190.00	80.00	2100.00	2,530.00	
6	四月	150.00	200.00	80.00	2000.00	2,430.00	
7	五月	170.00	220.00	80.00	2500.00	2,970.00	
8	六月	210.00	190.00	80.00	2200.00	2,680.00	
9	七月	230.00	180.00	80.00	2300.00	2,790.00	
10	八月	240.00	190.00	80.00	2100.00	2,610.00	
11	九月	180.00	200.00	80.00	2200.00	2,660.00	
12	十月	220.00	200.00	80.00	2600.00	3,120.00	
13	十一月	240.00	190.00	80.00	2300.00	2,810.00	
14	十二月	230.00	170.00	80.00	2800.00	3,280.00	

图 7-82　显示结果

步骤 5：参照前面的操作方法，利用填充柄将 G3 单元格中的函数向下复制到 G14 单元格，判断结果如图 7-83 所示。

	A	B	C	D	E	F	G
	I14	▼	fx				
1			普通家庭月支出表				
2	月份	水电费	电话费	物业费	生活费	合计	
3	一月	220.00	200.00	80.00	2000.00	2,500.00	没超支
4	二月	240.00	220.00	80.00	2800.00	3,340.00	超支
5	三月	160.00	190.00	80.00	2100.00	2,530.00	没超支
6	四月	150.00	200.00	80.00	2000.00	2,430.00	没超支
7	五月	170.00	220.00	80.00	2500.00	2,970.00	没超支
8	六月	210.00	190.00	80.00	2200.00	2,680.00	没超支
9	七月	230.00	180.00	80.00	2300.00	2,790.00	没超支
10	八月	240.00	190.00	80.00	2100.00	2,610.00	没超支
11	九月	180.00	200.00	80.00	2200.00	2,660.00	没超支
12	十月	220.00	220.00	80.00	2600.00	3,120.00	超支
13	十一月	240.00	190.00	80.00	2300.00	2,810.00	没超支
14	十二月	230.00	170.00	80.00	2800.00	3,280.00	超支

图 7-83　判断结果

重点提示　插入函数时，也可以在【公式】选项卡的"函数库"组中单击 fx 按钮，打开【插入函数】对话框，在该对话框中选择要使用的函数，这里的函数与功能区中的分类函数完全一样。

7.8　将表格中的数据制作成图表

使用图表可以让用户直观地、全面地判断数据的变化和发展趋势，极大地增强了数据变化的表现力，它可以将数据以各种图表的形式表现出来，为用户进一步分析数据和进行决策提供了依据。

创建图表之前，需要先确定创建图表的数据源(即有完整数据的表格)，再选择相应的图表类型，即可快速地创建图表。具体操作步骤如下：

步骤1：打开数据源，在工作表中的任意一个单元格上单击鼠标。

步骤2：在【插入】选项卡的"图表"组中单击██按钮，在打开的下拉列表中选择一种柱形图样式，如图7-84所示。

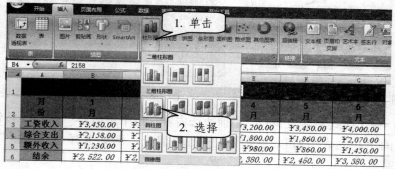

图7-84 选择柱形图样式

步骤3：选择了图表样式以后，立刻生成了一个图表，如图7-85所示。

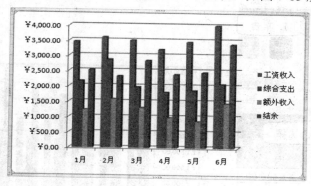

图7-85 生成的图表

为了使图表更加美观，达到用户的需求，需要对图表格式进行相应的设置，如填充图表区和绘图区、设置坐标轴等。

设置图表格式的具体操作步骤如下：

步骤1：选择图表。

步骤2：在【格式】选项卡的"形状样式"组中单击右下角的█按钮，在打开的下拉列表中选择要使用的样式，如图7-86所示。

步骤3：选择了形状样式之后，则图表立即显示为新的外观，如图7-87所示。

图 7-86　选择形状样式

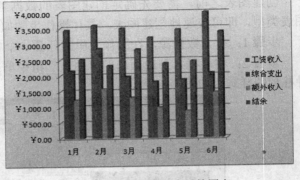

图 7-87　应用了形状样式后的图表

步骤 4：在【格式】选项卡的"当前所选内容"组中单击 图表区 按钮右侧的小箭头，在打开的下拉列表中可以选择图表的组成部分，例如选择"绘图区"，如图 7-88 所示。

步骤 5：重复前面的步骤，在"形状样式"组中选择一种样式，则图表的效果如图 7-89 所示。

图 7-88　选择图表的组成部分

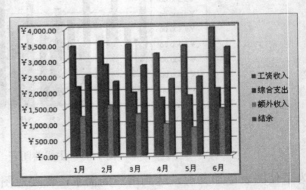

图 7-89　图表效果

步骤 6：用同样的方法，可以设置其他组成部分的样式。

重点提示　　实际上，设置图表格式与设置形状或文本框格式完全一致，很多内容的设置可以参考它们，如样式、填充、轮廓、效果等。除此之外，还包括艺术字的样式，也就是说，图表中的文字可以设置为艺术字。

第 8 章

留住家庭生活的精彩瞬间

本 章 要 点

- 数字文件的导入
- 使用 ACDSee 软件
- 使用 Photoshop 处理照片
- 使用 "会声会影" 编辑影像

随着社会的进步，人们的物质生活水平越来越高，很多家庭都拥有了数码相机、数码DV 等高科技电子产品。它们的出现，为人们的工作、旅游、家庭生活添加了很多情趣。使用数码相机可以将生活中美好的瞬间永久定格；而使用数码 DV 则可以动态记录生活中的幸福时光。将它们记录的数字文件(照片、录像)转存到电脑中可以长期保存，从而留住生活中的精彩瞬间，让我们随时回味愈久弥香的绵长回忆。

8.1 数字文件的导入

使用数码相机拍摄的照片和使用数码 DV 录制的影像，都可以通过特定的方式导入到电脑中，并且可以进行编辑再加工。

8.1.1 将数码相机中的照片导入电脑中

要对数码照片进行处理，必须先将数码照片从数码相机中导入到电脑中，然后才可以进行创作与加工。将数码照片导入电脑中的具体操作步骤如下：

步骤 1：启动电脑并进入 Windows 工作环境。

步骤 2：将数据线的一端接入数码相机，另一端插入电脑的 USB 接口。

步骤 3：打开数码相机电源开关，则弹出一个提示对话框，如图 8-1 所示。

步骤 4：单击 取消 按钮关闭对话框，然后通过【资源管理器】窗口复制照片。

步骤 5：打开【资源管理器】窗口，并切换到数码相机，然后在右侧选择需要导入的照片，如图 8-2 所示。

图 8-1 提示对话框

图 8-2 选择要导入的照片

步骤 6：按下 Ctrl+C 键或 Ctrl+X 键复制或剪切照片，然后切换到相应的磁盘(如 D盘)，按下 Ctrl+V 键粘贴照片即可。

8.1.2　使用扫描仪获取照片

对于一些老照片，如果需要进行翻新或者修复，必须将其导入到电脑中。通常有两种方法：一是利用相机进行翻拍，然后导入电脑中；二是利用扫描仪将其扫描到电脑中。下面介绍如何使用扫描仪获取照片，具体操作步骤如下：

步骤 1：将扫描仪接上电源，并将另一根 USB 数据线插入电脑的 USB 接口。

步骤 2：把要扫描的照片放到扫描仪中，摆正位置，如图 8-3 所示。

步骤 3：启动 Photoshop 软件，单击菜单栏中的【文件】/【导入】/【EPSON Perfection 1270】命令，如图 8-4 所示。

图 8-3　摆正照片

图 8-4　执行扫描命令

步骤 4：在弹出的【EPSON Scan－EPSON Perfection 1270】对话框中，可以设置扫描模式，包括全自动模式、家庭模式、专业模式，如图 8-5 所示。

步骤 5：这里选择"全自动模式"，这是最简单易用的一种扫描方式，这时将出现如图 8-6 所示的界面，单击 扫描(S) 按钮即可进行扫描。

图 8-5　扫描设置模式

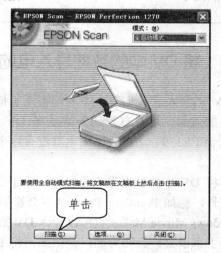

图 8-6　全自动模式扫描

步骤 6：执行扫描操作以后，扫描仪开始预览与识别文稿的类型，并在界面下方显示进度条，如图 8-7 所示。

步骤 7：识别结束后则进入扫描阶段，如图 8-8 所示。完成扫描后就可以在 Photoshop 中创建一个文件并显示扫描结果。

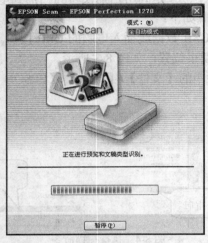

图 8-7　预览与识别文稿的类型

图 8-8　正在扫描

重点提示　　　使用扫描仪获取照片时，不仅可以使用 Photoshop 软件进行操作，也可以使用扫描仪自带的扫描软件或 ACDSee 软件，甚至其他的图形软件(如 Illustrator、CorelDRAW 等)都能够完成扫描操作，但是操作方法会有一些差异。

8.1.3　将 DV 中的数据导入电脑中

DV 的普及让我们每一个人都实现了拍摄的愿望，但拍摄的素材必须要经过编辑才会有更好的效果，这时首要任务就是将 DV 中拍摄的数据导入电脑中，而实现这一过程必须通过 IEEE1394 端口，如果电脑没有这个端口，必须安装 1394 卡，将电脑与 DV 连接起来。

要将 DV 中的数据导入电脑中，除了要把 DV 与电脑连接起来，还要具有相关的视频编辑软件，例如 Premiere Pro、会声会影等。另外，使用 Windows 系统自带的视频编辑软件 Windows Movie Maker 也可以导入 DV 数据。

接下来以会声会影为例，介绍如何将 DV 中的视频数据导入到电脑中，具体操作步骤如下：

步骤 1：将数据线的一端连接 DV，另一端连接 IEEE1394 端口，使 DV 与电脑相连接。

步骤 2：将 DV 设置为播放模式，打开 DV 电源开关。

步骤 3：启动会声会影软件，切换到【捕获】选项卡，然后在左侧的选项面板中单击捕获视频按钮，如图 8-9 所示。

步骤 4：在弹出的捕捉选项中单击【捕获文件夹】选项右侧的 按钮，指定视频的导入位置，如"G:\DV 视频"，如果需要按场景进行分割，则勾选【按场景分割】选项，如图 8-10 所示。

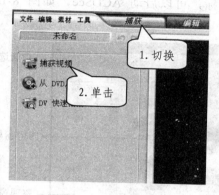

图 8-9　单击【捕获视频】按钮

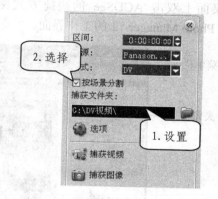

图 8-10　设置捕获位置

步骤 5：单击 捕获视频 按钮，如图 8-11 所示，则预览窗口中开始播放 DV，同时将播放的 DV 片断捕获至指定的文件夹中。

步骤 6：单击 停止捕获 按钮，可以停止捕获，同时在指定的位置可以看到捕获的 DV 视频，如图 8-12 所示。

图 8-11　开始捕获视频

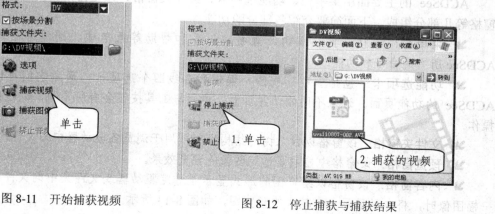

图 8-12　停止捕获与捕获结果

8.2 使用 ACDSee 软件

ACDSee 最初是一款图像查看与浏览软件,但最新版本 ACDSee Photo Manager 12 的功能已经非常强大,不但可以浏览多种格式的图像,还可以对图像进行编辑和调整。

8.2.1 工作界面介绍

在桌面上双击 ACDSee 的快捷方式图标,可以启动 ACDSee,如图 8-13 所示是 ACDSee Photo Manager 12 的工作界面。

菜单栏 ——
文件夹窗格 ——
预览窗格 ——

—— 功能选项卡
—— 内容窗格
—— 整理窗格

图 8-13 ACDSee 的工作界面

ACDSee 的主界面由菜单栏、功能选项卡、文件夹窗格、预览窗格、内容窗格、整理窗格等几部分组成。下面简要介绍各部分的功能。

↘ **菜单栏**:包括文件、编辑、查看、工具和帮助等菜单项,通过菜单可以使用 ACDSee 所有的命令和功能。

↘ **功能选项卡**:包括管理、视图、编辑和在线四个选项卡,通过它们可以切换到 ACDSee 的功能页面。进入不同的功能页面,界面与工具按钮会有所不同,以适应相应的操作。

↘ **文件夹窗格**:该窗格以目录树的结构排列,用于浏览各驱动器中的文件。

↘ **预览窗格**:该窗格中显示了选定图像的预览效果。

↘ **内容窗格**:该窗格以缩览图的形式显示了选定驱动器或文件夹中的文件,当指向一幅图像时,将自动显示一个较大的预览图,如图 8-14 所示。

➥ **整理窗格**: 该窗格用于设置图像的评级、分类等，以便于快速浏览。

图 8-14　指向图像时自动显示大图

8.2.2　浏览照片

安装 ACDSee 以后，它自动被设置为图像文件的关联程序，双击任意一个类型的图像文件，则可以打开 ACDSee 的查看窗口进行查看。

除此以外，也可以在 ACDSee 的管理视图下浏览照片。例如，启动 ACDSee 之后，并指定了文件夹，那么内容窗格中将显示该文件夹中的图像，如图 8-15 所示。

图 8-15　在管理视图下浏览照片

如果要查看某一幅图像，双击该图像即可，这时将自动切换到查看窗口，如图 8-16 所示。在查看窗口中再双击图像，可以快速返回 ACDSee 的管理视图。

图 8-16　在查看窗口中浏览图像

如果要在全屏模式下浏览照片，可以按 F 键，这时将全屏显示照片；如果要恢复到原来的状态，再次按 F 键即可。

8.2.3　编辑照片

ACDSee 不仅可以浏览照片，还可以对照片进行简单的编辑，如裁剪、修复、调色、制作边框、制作特效、添加文字等。

启动 ACDSee 以后，单击右上角的【编辑】选项卡，可以切换到 ACDSee 的编辑视图，如图 8-17 所示。

图 8-17　ACDSee 的编辑视图

在 ACDSee 的编辑视图下，左侧为七组编辑工具面板，分别是选择、修复、添加、几何体、曝光/照明、颜色、详细信息。将每一组展开后，会出现若干的编辑工具，使用它们可以编辑照片。下面以为照片添加晕影效果为例，介绍使用 ACDSee 编辑照片的方法。具体操作步骤如下：

步骤 1：启动 ACDSee 并在管理视图中选择一幅照片。

步骤 2：单击右上角的【编辑】选项卡，切换到编辑视图，在编辑工具面板中展开【添加】组，然后单击其中的【晕影】工具，如图 8-18 所示。

步骤 3：单击【晕影】工具以后，则切换到【晕影】参数面板，在这里可以设置晕影的各项参数，如图 8-19 所示。

图 8-18　单击【晕影】工具　　　　　　　图 8-19　【晕影】参数面板

步骤 4：根据要求设置参数即可，如空白区域、过渡区域、形状、边框等参数，设置参数后，在右侧马上可以看到效果，如图 8-20 所示。

图 8-20　设置的晕影效果

步骤 5：如果设置的参数不合适，可以单击 重设 按钮，重新设置；如果得到了满意的效果，则单击 完成 按钮，如图 8-21 所示。

步骤 6：完成编辑后将关闭【晕影】参数面板，返回编辑工具面板，单击 完成 按钮即可，如图 8-22 所示，这样就为照片添加了晕影效果。

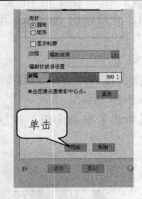

图 8-21　晕影参数面板　　　　　图 8-22　编辑工具面板

8.3　使用 Photoshop 处理照片

Photoshop 是一款非常专业的图像处理软件，被广泛地应用于广告设计、网站制作、数码照片处理等多个领域，目前，所有的影楼与专业设计师都使用该工具进行创作。作为家庭用户来说，略微了解一些 Photoshop 操作，可以让自己的照片更完美。

8.3.1　Photoshop 简介

Photoshop 的最新版本是 Photoshop CS5，在数码照片处理方面的功能更加强大，可以轻松地实现毛发的抠取、智能填充等。启动 Photoshop CS5 以后，并打开一幅照片，其工作界面如图 8-23 所示。

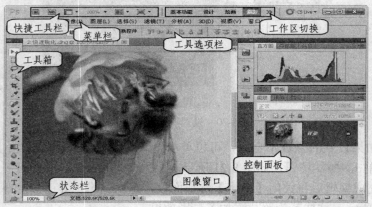

图 8-23　Photoshop CS5 工作界面

1. 快捷工具栏

快捷工具栏是 Photoshop CS5 的一项重要的界面改进，位于工作界面的左上角，这里存放了一些常用的项目按钮，便于快速地操作与切换界面，主要用于完成 Bridge 的启动、迷你 Bridge 的启动、控制视图显示比例、参考线、网格与标尺的显示控制、屏幕模式的切换等。

2. 工作区切换

Photoshop CS5 新增了四个切换按钮，位于工作界面的右上角，单击它们可以切换到不同的视图环境，其作用是针对不同的用户提供了几种不同的工作环境。说白了，它并不影响 Photoshop 的功能，只是打开的控制面板不同而已。所以当您熟练掌握 Photoshop 以后，这项功能基本没有意义。

3. 菜单栏

Photoshop CS5 的菜单栏由 11 个菜单项组成，共有 130 多条主命令(不包括子菜单命令)，包含了 Photoshop 的大部分操作命令。其操作方法与其他 Windows 应用软件一样，可以采用下述三种方法进行操作：

➥ 将光标指向菜单名称单击鼠标，在打开的菜单中可以选择所需的菜单命令或子菜单命令。

➥ 按住 Alt 键的同时按下菜单后面带下划线的字母打开菜单，使用方向键选择相应的菜单命令后按下回车键确认。

➥ 如果菜单命令的右侧有快捷键，直接按下快捷键可以快速执行菜单命令。

4. 工具选项栏

工具选项栏是 Photoshop 的重要组成部分，在使用任何工具之前，都要在工具选项栏中对其进行参数设置。选择不同的工具时，工具选项栏中的参数也将随之发生变化，如图 8-24 所示为减淡工具选项栏。

图 8-24 减淡工具选项栏

5. 工具箱

工具箱位于工作界面的最左侧，用户可以任意调整它的位置。另外，Photoshop CS5 的工具箱提供了两种显示模式：单排工具显示模式与双排工具显示模式。单击工具箱上方的 ◀◀ 按钮，可以在两种模式之间切换。

使用某种工具时，可以按以下方法进行选择：

(1) 将光标指向工具图标，稍一停顿将出现工具的名称与快捷键。

(2) 单击所需的工具或者直接按工具快捷键，可以选择该工具。

(3) 如果要选择隐藏工具，则在含有隐藏工具的按钮上按下鼠标左键，移动光标到所需的工具上释放鼠标即可。

重点提示　工具箱中有些工具按钮的右下角带有一个黑色的三角图标，表示该工具组含有隐藏工具。按住 Alt 键的同时单击含有隐藏工具的按钮，或者按住 Shift 键反复按相应工具的快捷键，可以循环选择隐藏工具。

6．控制面板

控制面板主要用于监视、编辑与修改图像，通常位于界面的右侧，而且是以组的形式出现的。Photoshop CS5 的控制面板是可折叠的，大大地扩展了工作空间。编辑图像时，如果不需要使用控制面板，可以将其折叠为图标；需要使用的时候，可以再将其展开。在面板图标上单击鼠标，就可以展开或折叠控制面板，如图 8-25 所示。

图 8-25　展开控制面板

另外，控制面板是以组的形式出现的，并且可以自由拆分或组合。将光标指向面板的标签，按住鼠标左键拖曳可以将某面板移到面板组外，即可拆分面板组；将面板拖曳到另一个面板组中，即可重新组合面板组。

重点提示　在处理图像的过程中，有时为了使工作空间更大，通常隐藏控制面板。操作比较简单，重复按 Shift+Tab 键，可以显示或隐藏控制面板；另外，重复按 Tab 键，可以显示或隐藏控制面板、工具箱及工具选项栏。

7．图像窗口

图像窗口就是图像编辑区，对于照片而言，图像窗口就是照片区域。在 Photoshop CS5 中，图像窗口以标签的形式出现，如图 8-26 所示，这使得窗口之间的切换比较方便，直接单击要激活的图像窗口的标签即可。

打开的照片

图 8-26　标签式图像窗口

8．状态栏

状态栏与图像窗口是一体的，也就是说，只有打开图像文件以后，才可以看到状态栏。通过状态栏可以显示或更改当前图像的显示比例，以及当前图像的相关信息，如当前尺寸、大小、暂存盘大小、分辨率等等。

8.3.2　介绍几个调色命令

调色是 Photoshop 的重要功能之一，所有的命令都集中在【图像】/【调整】菜单中，一共有 20 多个调整命令，可以非常完美地完成各种照片的调色。下面介绍几个常用的调色命令。

1．色阶

【色阶】命令是一个非常重要的调整命令，使用频率相当高。实际上，色阶指照片的亮度，表现了照片的明暗关系，与照片的颜色无关。

在 Photoshop 中，【色阶】命令主要调整照片的亮度和对比度，也可以通过调整照片的高光、中间调和暗调来改变照片的色彩。

单击菜单栏中的【图像】/【调整】/【色阶】命令，或者按下 Ctrl+L 键，可以打开【色阶】对话框，如图 8-27 所示。

图 8-27　【色阶】对话框

➥　**输入色阶**：有三个文本框分别对应输入色阶的黑场滑块、Gamma 滑块和白场滑块。其中，黑场滑块决定图像中最暗的像素；Gamma 滑块影响中间调的亮度；白场滑块决定图像中最亮的像素。

➥　**输出色阶**：用于设置阴影和高光的色阶，它影响图像的对比度。调整滑块时，会将该点的像素转换为灰色，降低对比度，直方图被压缩。

➥　**通道**：如果要调整整幅照片，可以选择复合通道(RGB 或 CMYK)，否则要选择颜色通道，不同的颜色模式，可调整的通道数也不一样。Photoshop 允许单独调整某个颜色通道。

色阶的主要应用一般有两种情况：第一，调整发灰的照片。在拍摄照片的时候，往往受到天气、光线等综合因素的影响，会有一部分照片影调发灰，该亮的地方不亮，该暗的地方不暗，看上去灰濛濛的，使用【色阶】命令很容易调整过来；第二，纠正偏色。照片偏色是很常见的现象，校正方法也不一而足，使用【色阶】命令可以通过确定中性灰纠正偏色。

2. 曲线

【曲线】命令是 Photoshop 中功能最强大的调整命令，它与【色阶】命令结合，几乎可以完成所有的调色任务。我们知道，一幅图像划分了 256 个亮度级别，而【曲线】命令多达 14 个控制点，可以调整任意的色调区域来改变颜色强度。

与色阶一样，曲线与直方图也是一一对应的，我们可以结合直方图判断调整哪个区域，如图 8-28 所示是曲线与直方图的对应关系。

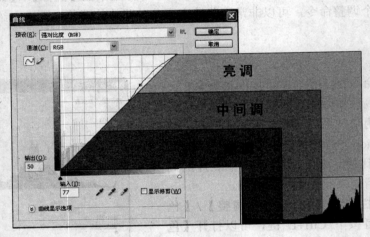

图 8-28　曲线与直方图的对应关系

在【曲线】对话框中，参数的重要性往往不如曲线，大多数人喜欢直接控制曲线的形态，从而改变照片的颜色或明亮度。具体几个参数的意义如下：

➤ 预设：系统提供的几种曲线形态，用户可以直接选用，但真正意义并不大，更多的情况下需要自由调整曲线的形态。

➤ 通道：用于选择要调整的通道，如果要对照片的整体进行调整，则选择复合通道(即 RGB 或 CMYK)。对于不同模式的图像，通道是不同的。

➤ 输入/输出：输入色阶代表调整前的数值，输出色阶代表调整后的数值。

曲线的应用非常广泛，在数码后期设计中，可以用于以下几个方面：第一，用于改变照片的影调，它可以代替【色阶】命令，完成照片明暗与对比度的调整，而且可以调整多达 14 个控制点；第二，用于调整照片的色调(如色偏的校正、艺术色调的生成、控制色彩倾向等)，通过对图像中的颜色通道进行精确调整，完成照片的调色任务。第三，可以配合滤镜功能完成人物面部的去斑与美容。

3．色相/饱和度

在 Photoshop 中，【色相/饱和度】命令是基于 HSB 模式进行调色的工具，HSB 模式是基于人的视觉建立的一种色彩模式，它将颜色分为色相、饱和度、明度三个基本属性，通过这三个基本属性来描述颜色。单击菜单栏中的【图像】/【调整】/【色相/饱和度】命令，则弹出【色相/饱和度】对话框，如图 8-29 所示。

注意观察该对话框，其下方有两条色谱，对应颜色轮上的 0～360° 的颜色，上方的一条代表照片原来的色谱，下方的一条代表调整后的色谱。调整【色相】滑块时，正值代表色轮顺时针旋转，负值代表色轮逆时针旋转。

图 8-29　【色相/饱和度】对话框

在该对话框中，既可以对整幅照片的颜色进行调整，也可以对红、绿、蓝、青、洋红、黄六种基本色进行调整。

➘ **预设**：提供了系统预设的几种调色方案，可以直接选择，快速地得到调色效果，十分方便。

➘ **色相**：拖动滑块，可以将当前颜色转换成另一种颜色。

➘ **饱和度**：增加或降低照片颜色的鲜浊度。向右拖动滑块，可以让颜色更鲜亮；向左拖动滑块，可以得到低饱和度照片或黑白照片。

➘ **明度**：用于增加或降低照片的亮度。

➘ **着色**：选择该选项，可以将照片转换成单色调照片，这是一个很实用的功能，在处理写真或婚纱照片时，经常使用该功能制作单色艺术照。

【色相/饱和度】命令在照片处理中的应用主要表现在以下几个方面：第一，提高照片颜色的饱和度，使照片颜色更加有光泽；第二，通过降低饱和度，制作低饱和度照片，这是目前较流行的一种照片效果；第三，制作单色调照片；第四，用于调色，如将绿色转换为青色而不影响其他颜色。

4．可选颜色

在 Photoshop 中，每一个调色命令都是基于一定的原理而设置的，【可选颜色】命令是一个基于 CMYK 模式进行调色的调整命令，在印刷行业中应用最广泛，它可以调整红、绿、蓝、青、洋红、黄、黑、白、灰九种基本色，其中前 6 种控制图像的颜色变化，后 3 种可以控制图像的亮度、对比度以及整体色彩倾向。

单击菜单栏中的【图像】/【调整】/【可选颜色】命令，可以打开【可选颜色】对话框，如图 8-30 所示。

该对话框中的参数比较简单，但是正确理解非常重要，主要参数的作用如下：

➧ **颜色**：用于选择要调整的颜色，共有 9 种颜色。

➧ **青色、洋红、黄色和黑色**：根据 CMYK 原理，通过调整基本色的百分比，控制所选颜色的变化。

➧ **方法**：这里是两种计算百分比的方法，一种是"相对"，一种是"绝对"。使用"相对"调色时，变化小一些；使用"绝对"调色时，变化大一些。

图 8-30 【可选颜色】对话框

初学者对【可选颜色】命令的调色原理不太容易掌握。在使用该命令时，对于选择青色、洋红、黄色时，相对容易理解，也容易调整；而对于选择红色、绿色、蓝色时，则需要正确理解 RGB 与 CMYK 模式之间的关系，才能有效地、有目的地调整各选项。

其中最根本的是：两个加色相加得一个减色；两个减色相加得一个加色。例如：在【颜色】选项中选择"红色"，这时加青色变黑色，因为它们是互补色，相互吸收；而减洋红会变黄色，因为红色=洋红+黄色，减洋红自然会使黄色相对变多；加洋红则无变化。对于黄色的调整，同样是这个道理。

8.3.3 改变照片的大小

不同的数码相机拍摄的照片，尺寸是不一样的。要改变照片的大小，通常可以按两种思路进行操作：一是对照片进行裁切；二是改变照片的尺寸。

裁切照片可以去除照片中多余的部分，从而改变照片的大小，这种方法的好处是可以重新布局照片中的主体元素，具体操作步骤如下：

步骤 1：打开一幅照片，如图 8-31 所示。

步骤 2：在工具箱中单击 工具(或者按下 C 键，选择裁剪工具)，然后在工具选项栏中单击 清除 按钮，清除所有的参数，如图 8-32 所示。

图 8-31 打开的照片

图 8-32 清除所有的参数

步骤 3：在照片上拖动鼠标，创建一个裁剪框，它的周围会有 8 个控制点，通过它们可以改变裁剪框的大小，从而得到所需要的构图效果，如图 8-33 所示。

步骤 4：按下回车键确认操作，则使用裁剪工具将一幅横版照片进行了二次构图，效果如图 8-34 所示。

图 8-33　创建的裁剪框

图 8-34　二次构图后的效果

重点提示

使用裁剪工具裁剪照片时有两种用法：一是先单击 清除 按钮，不设置任何参数，在照片中拖曳鼠标，这时可以创建任意大小的裁剪框；二是先单击 前面的图像 按钮，捕获当前照片的大小与分辨率，然后在照片中拖曳鼠标，创建固定长宽比的裁剪框，并且裁剪后的照片尺寸不会发生变化。

如果要改变照片的尺寸，但不改变照片的构图方式或者主体元素的相对位置，则需要通过【图像大小】命令来完成。具体操作步骤如下：

步骤 1：打开一幅照片。

步骤 2：单击菜单栏中的【图像】/【图像大小】命令，或者按下 Alt+Ctrl+I 键，如图 8-35 所示。

步骤 3：在打开的【图像大小】对话框中显示了当前照片的大小、分辨率等信息，如图 8-36 所示。

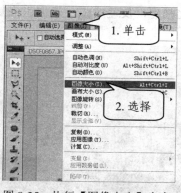

图 8-35　执行【图像大小】命令

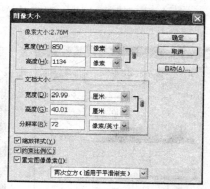

图 8-36　【图像大小】对话框

步骤 4：根据实际需要，在【文档大小】选项组中输入【宽度】与【高度】值，可以改变照片的尺寸。默认情况下，对话框中的【约束比例】选项处于选择状态，这样可以保证修改照片尺寸时不变形，而且只修改【宽度】或【高度】值即可，另一个参数会自动改变。

步骤 5：单击 [确定] 按钮，则改变了照片的尺寸。

8.3.4 使灰濛濛的照片变清楚

在拍照的过程中，如果天气不好，如阴天或有雾，拍出来的照片就会灰濛濛的，该亮的地方不亮，该暗的地方不暗，整体影调发灰，冲洗出来效果会很差。下面介绍处理这类照片的技巧，具体操作步骤如下：

步骤 1：打开需要调整的照片，如图 8-37 所示，这是一幅灰濛濛的照片。

步骤 2：按下 Ctrl+L 键，打开【色阶】对话框，从直方图中可以看到，照片中的像素主要分布在中间位置，而两侧的暗调与亮调没有像素分布，如图 8-38 所示。

图 8-37　打开的照片

图 8-38　【色阶】对话框

步骤 3：在【色阶】对话框中单击 [自动(A)] 按钮，可以看到直方图重新分布，暗调与亮调部分都有了像素分布，如图 8-39 所示。

步骤 4：单击 [确定] 按钮，则照片变得对比强烈，反差增强，影调也恢复正常，如图 8-40 所示。

图 8-39　重新分布的直方图

图 8-40　照片效果

8.3.5 让照片更加艳丽

在拍摄照片的过程中，由于天气的原因或者相机设置的问题，总感觉到拍摄的照片不如意，花不红、草不绿、天不蓝，这时使用 Photoshop 可以轻而易举地让照片靓丽起来，具体操作步骤如下：

步骤1：打开一幅要处理的照片，如图 8-41 所示。

步骤2：在【图层】面板中单击 按钮，在弹出的菜单中选择【色阶】命令，如图 8-42 所示，则创建了一个色阶调整图层。

图 8-41　打开的照片　　　　　　　　　　图 8-42　创建色阶调整图层

步骤3：在打开的【调整】面板中设置参数如图 8-43 所示，提高对比度。

步骤4：再次在【图层】面板中单击 按钮，在弹出的菜单中选择【可选颜色】命令，再创建一个可选颜色调整图层。

步骤5：在【调整】面板中先选择"红色"，对参数进行设置，然后再分别选择"绿色"和"青色"，设置参数如图 8-44 所示，改变颜色的分配比例。

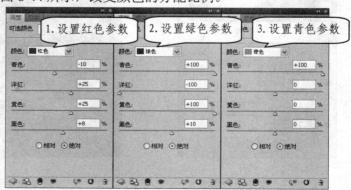

图 8-43　【调整】面板　　　　　　图 8-44　设置颜色的参数

步骤 6：按下 Alt+Shift+Ctrl+E 键盖印图层，得到"图层 1"，如图 8-45 所示，此时的【图层】面板如图 8-46 所示。

图 8-45　调整后的照片结果　　　　　　　图 8-46　盖印得到的"图层 1"

步骤 7：在【图层】面板中设置"图层 1"的混合模式为"正片叠底"，然后单击面板下方的  按钮，为该图层添加图层蒙版，如图 8-47 所示。

步骤 8：选择工具箱中的渐变工具 ，在工具选项栏中设置渐变类型为"线性渐变"，渐变色为"黑，白渐变"，然后在图像窗口中由中心的位置向右下角拖动鼠标，编辑图层蒙版，最终的照片效果如图 8-48 所示。

图 8-47　添加图层蒙版　　　　　　　　　图 8-48　最终的照片效果

8.3.6　浪漫的金秋色彩

秋天给人以浪漫，给人以收获，给人以成熟，所以秋天的色彩总会让人浮想联翩，温暖、浪漫、童话、诗意……都是它的关键词。当看腻了满眼的绿色以后，将照片处理成金秋色彩，会另有一番新意。具体操作步骤如下：

步骤1：打开一幅春天或夏天的照片，如图8-49所示。

步骤2：在【调整】面板中单击 按钮，创建一个曲线调整图层，然后在【调整】面板中向上拖动曲线，将照片调亮，如图8-50所示。

图8-49　打开的照片

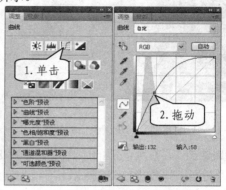

图8-50　【调整】面板

步骤3：调亮后的照片效果如图8-51所示，在【调整】面板中单击 按钮返回上一层，然后单击 按钮，创建一个色相/饱和度调整图层，在【调整】面板中分别选择"绿色"和"黄色"，并设置各项参数如图8-52所示。

图8-51　调亮后的照片效果

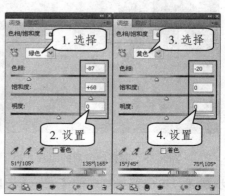

图8-52　【调整】面板

步骤 4：初步调色后的效果如图 8-53 所示，在【调整】面板中单击 ◄ 按钮返回上一层，然后单击 ✖ 按钮，创建一个可选颜色调整图层，在【调整】面板中分别选择"黄色"和"黑色"，设置参数如图 8-54 所示。

图 8-53　初步调色后的效果

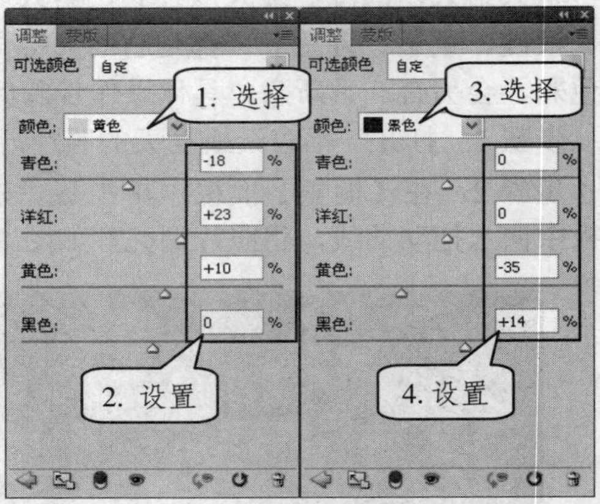

　　　　　图 8-54　【调整】面板

步骤 5：调整颜色后的照片效果如图 8-55 所示，按下 Alt+Shift+Ctrl+E 键盖印图层，得到"图层 1"，如图 8-56 所示。

图 8-55　调整颜色后的照片效果

图 8-56　盖印图层得到"图层 1"

步骤 6：单击菜单栏中的【滤镜】/【渲染】/【镜头光晕】命令，在弹出的【镜头光晕】对话框中设置参数如图 8-57 所示。

步骤 7：单击 确定 按钮，则最终的照片效果如图 8-58 所示。

图 8-57　【镜头光晕】对话框　　　　　　　图 8-58　最终的照片效果

8.3.7　让自己的照片当桌面

如果看够了 Windows XP 那种固有的电脑桌面，完全可以用自己拍摄的数码照片来制作桌面，这样，一打开电脑就会看到自己喜欢的照片。制作电脑桌面时要注意一个问题，即照片背景不宜太乱，同时人物要偏右，这样不会干扰电脑桌面上的各种图标。下面制作一个电脑桌面，具体操作步骤如下：

步骤 1：首先打开一幅照片，如图 8-59 所示。按下 Ctrl+A 键全选图像，再按下 Ctrl+C 键复制图像。

步骤 2：单击菜单栏中的【文件】/【新建】命令，创建一个 1024×768 像素，分辨率为 72 像素/英寸的新文件。

步骤 3：按下 Ctrl+V 键，将复制的图像粘贴到新建的文件中，然后调整好位置，这样就去除了多余的部分，如图 8-60 所示。

图 8-59　打开的照片　　　　　　　　　图 8-60　调整后的效果

步骤 4：按下 Ctrl+E 键合并图层。

步骤 5：按下 Ctrl+M 键，打开【曲线】对话框，向上拖动曲线，如图 8-61 所示。

步骤 6：单击 确定 按钮，则图像效果如图 8-62 所示。

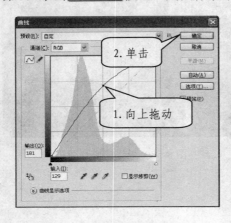

图 8-61 【曲线】对话框

图 8-62 图像效果

步骤 7：按下 Ctrl+J 键复制"背景"层，得到"图层 1"，如图 8-63 所示。

步骤 8：在【图层】面板中设置"图层 1"的混合模式为"柔光"，【不透明度】值为 70%，则图像效果如图 8-64 所示。

图 8-63 复制图层

图 8-64 图像效果

步骤 9：在【图层】面板的上方创建一个新图层"图层 2"。

步骤 10：设置前景色为黑色，选择工具箱中的渐变工具 ，在工具选项栏中设置渐变色为"前景色到透明渐变"，其他参数设置如图 8-65 所示。

步骤 11：在图像窗口中由左上角向右下角拖动鼠标，填充渐变色；同样在右下角也填充渐变色，结果如图 8-66 所示。

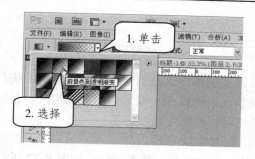

图 8-65　渐变工具选项栏

图 8-66　图像效果

步骤 12：在【图层】面板中设置"图层 2"的混合模式为"柔光"，如图 8-67 所示，则最终效果如图 8-68 所示。

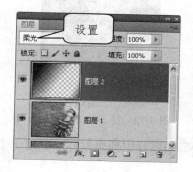

图 8-67　【图层】面板

图 8-68　图像效果

步骤 13：单击菜单栏中的【文件】/【存储为】命令，将文件存储为 JPEG 格式，在弹出的【JPEG 选项】对话框中一定要设置为最佳品质，如图 8-69 所示。

步骤 14：将制作的图片设置为电脑桌面，效果如图 8-70 所示。

图 8-69　【JPEG 选项】对话框

图 8-70　电脑桌面效果

8.3.8　修复闭眼的照片

　　拍摄人物照片时，出现闭眼的现象是很常见的事，这是由于按下数码相机的快门时，人的眼睛恰好眨了一下而造成的。对于这种情况，可以找一张本人另外的照片，最好是透视角度相同的照片，将眼睛复制过来，这样就可以将照片修整好了。

　　步骤1：打开一幅要修复的闭眼的照片，如图 8-71 所示。

　　步骤2：再打开一幅本人的另外一幅照片，要求视角、神态类似，如图 8-72 所示。

图 8-71　打开的照片

图 8-72　打开的另一幅照片

　　步骤3：选择工具箱中的套索工具 ，在第二幅照片中拖曳鼠标，创建一个选区，选择人物的眼睛，如图 8-73 所示。

　　步骤4：按下 Ctrl+C 键复制选择的眼睛，然后切换到第一幅闭眼的照片，按下 Ctrl+V 键，粘贴复制的眼睛，如图 8-74 所示，则【图层】面板中生成"图层 1"。

图 8-73　选择人物的眼睛

图 8-74　粘贴复制的眼睛

　　步骤5：按下 Ctrl + + 键若干次，使图像以 200% 放大显示。然后在【图层】面板中设置"图层 1"的【不透明度】值为 60%。

步骤 6：按下 Ctrl+T 键添加变形框，按住 Shift 键的同时拖曳变形框的任意一角，等比例缩小图像并适当旋转，使内眼角与原照片的内眼角重合，如图 8-75 所示。

步骤 7：按下回车键确认变换操作。然后在【图层】面板中将"图层 1"的【不透明度】值重新设置为 100%，则效果如图 8-76 所示。

图 8-75　变换调入的眼睛图像

图 8-76　照片效果

步骤 8：单击菜单栏中的【图像】/【调整】/【曝光度】命令，在打开的【曝光度】对话框中设置参数如图 8-77 所示。

步骤 9：单击 确定 按钮，则"图层 1"中的眼睛与原照片中的肤色基本一致，如图 8-78 所示。

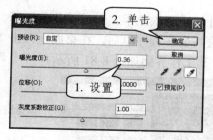

图 8-77　【曝光度】对话框

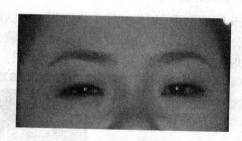

图 8-78　照片效果

重点提示　　在【曝光度】对话框中有三个参数，其中【曝光度】选项用于加亮或减暗照片的高光区域；【位移】选项用于使阴影或中间调区域变暗或提亮；【灰度系统校正】选项用于使整体变亮或变暗。

步骤 10：选择工具箱中的橡皮擦工具 ，然后在工具选项栏中调整各个选项如图 8-79 所示。

步骤 11：在照片中沿着人物眼睛的边缘反复拖动鼠标，使上下两层中的图像能够较好地融合在一起，最终效果如图 8-80 所示。

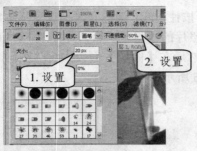

图 8-79　橡皮擦工具选项栏　　　　　　　　图 8-80　修复后的效果

📖8.4　使用"会声会影"编辑影像

"会声会影"是一款简单易用的影像编辑软件，不仅符合家庭或个人所需的影片剪辑功能，甚至可以挑战专业级的影片剪辑软件。无论您是剪辑新手还是老手，会声会影都会替您完整记录生活中的难忘片断，发挥无限创意，再创完美视听新享受。

8.4.1　会声会影简介

会声会影采用了逐步式的工作流程，可以让用户轻松上手，通过捕获、编辑、标题、音频和分享视频等过程完成视频的编辑。安装会声会影程序以后，在桌面上双击"会声会影 9"快捷方式图标，可以启动会声会影软件，其工作界面如图 8-81 所示。

图 8-81　会声会影工作界面

➥ **菜单栏与选项卡**：菜单栏中提供了【文件】、【编辑】、【素材】、【工具】4 组命令，用于新建、打开和保存影片项目、操作单独的视频素材等。而右侧的选项卡则代表了工作流程，分别是捕获、编辑、效果、覆盖、标题、音频和分享，单击各选项卡，可以进入相应的工作流程。

➥ **选项面板**：切换到不同的选项卡时，选项面板中的参数是不同的，有时面板中还会出现两个选项卡，当选取不同的素材时，每个选项卡上的控件和选项也不同。

➥ **预览窗口**：用于回放整个项目或所选的素材。

➥ **导览面板**：主要用于预览和编辑项目中使用的素材。使用其中的控件可以浏览所选的素材或项目，还可以编辑素材。当从 DV 中捕获视频时，利用这些按钮还可以控制 DV 设备。

➥ **素材库**：用于保存创建影片所需的所有内容，包括视频素材、视频滤镜、音频素材、静态图像、转场效果、音频文件、标题和色彩素材。

➥ **时间轴**：位于会声会影窗口的最下方，是剪接视频、合成影片项目的核心区域。时间轴有三种视图：故事板、时间轴和音频视图。

在时间轴左侧单击 ▦ 按钮，可以切换到故事板视图，如图 8-82 所示。故事板中的每个缩略图代表影片中的一个事件，事件可以是素材或转场。缩略图可以按时间顺序显示事件的一些画面。每个素材的时间长度显示在缩略图的底部。用户可以通过拖放的方式来插入或排列素材的顺序，转场效果可以插入到两个视频素材之间。

图 8-82　故事板视图

在时间轴左侧单击 ⊟ 按钮，可以切换到时间轴视图，如图 8-83 所示。该视图可以清楚地显示影片项目中的元素，并根据视频、覆叠、标题、音频等将项目分割成不同的轨道。在该视图下可以对素材执行精确到帧的编辑。

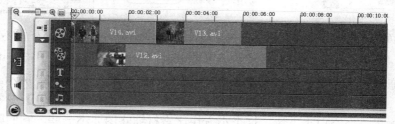

图 8-83　时间轴视图

在时间轴左侧单击 按钮，可以切换到音频视图，如图 8-84 所示。在音频视图中，用户能够可视化地调整视频、声音和音乐素材的音量。

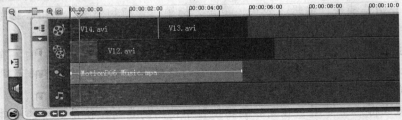

图 8-84　音频视图

8.4.2　制作家庭电子相册

使用会声会影可以把平时拍摄的照片制作成电子相册，并配上美妙的音乐，这样可以让照片更具动感，更有欣赏性。下面以鲜花照片为例制作一个简单的电子相册。

步骤 1：启动会声会影 9 软件。

步骤 2：在【素材库】面板中切换到"图像"素材，如图 8-85 所示。

步骤 3：在【素材库】面板的空白位置上单击鼠标右键，在弹出的快捷菜单中选择【插入图像】命令，如图 8-86 所示。

步骤 4：在弹出的【打开图像文件】对话框中选择 5 幅照片并确认，则这 5 幅照片将显示在【素材库】面板中，如图 8-87 所示。

图 8-85　切换到"图像"素材　　图 8-86　执行【插入图像】命令　　图 8-87　插入的照片

步骤 5：首先将【时间轴】切换到故事板视图，然后从【素材库】面板中将刚才添加的 5 幅照片拖动到【时间轴】中，可以看到各个素材缩略图，如图 8-88 所示。

步骤 6：在工作界面的上方切换到【效果】选项卡，这时【时间轴】中各个素材缩略图之间又增加了一个空白小方块，这个小方块比素材缩略图要小一些，它们就是用于加载转场特效的地方，如图 8-89 所示。

图 8-88　将素材添加到时间轴中

图 8-89　出现了加载转场特效的小方块

　　步骤 7：此时右侧的【素材库】中将出现许多转场特效，如图 8-90 所示。转场特效有许多分类，如三维、旋转、果皮、时钟等效果，如图 8-91 所示，每一类中又包含许多特效。

图 8-90　转场特效

图 8-91　转场特效的分类

步骤 8：如果要添加转场特效，只需要将选中的转场特效拖曳到【时间轴】中的小方块上即可。用户可以根据需要在各个素材之间添加适当的转场特效，在添加之前，可以通过预览窗口预览特效效果。

步骤 9：在【素材库】面板中切换到"色彩"素材，然后将一个颜色素材拖到【时间轴】中的第一个位置上，如图 8-92 所示。

图 8-92　添加了颜色素材

步骤 10：在工作界面的上方切换到【标题】选项卡，然后在预览窗口中双击鼠标，输入标题文字"春花之韵"，此时【时间轴】中的文字轨道上出现新增的标题文字，如图 8-93 所示。

图 8-93　【时间轴】中出现新增的标题文字

步骤 11：在预览窗口中选择输入的文字，在左侧选项面板的【编辑】选项卡中可以设置文字的属性，如字体、大小、颜色等；在【动画】选项卡中可以设置文字的动画效果，如图 8-94 所示。

图 8-94　在选项面板中设置文字的属性与动画效果

步骤 12：在【时间轴】中单击鼠标右键，在弹出的快捷菜单中选择【插入音频】/【到音乐轨】命令，如图 8-95 所示。

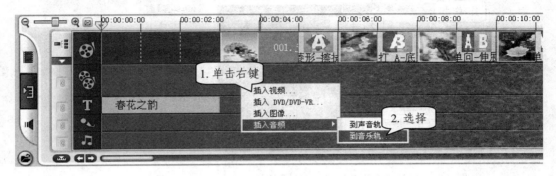

图 8-95　执行【到音乐轨】命令

步骤 13：在弹出的【打开音频文件】对话框中选择一个乐曲，作为电子相册的背景音乐，然后可以在预览窗口中单击"播放"按钮，预览电子相册的效果。

步骤 14：如果对电子相册的制作比较满意，最后切换到【分享】选项卡，将其输出为 AVI、MPEG、DVD 或 VCD 等文件即可。

重点提示　以上案例仅仅是表达了电子相册的制作过程。在实际制作过程中，还会涉及很多操作，如照片停留时间的长短、背景音乐的调节、片头片尾的处理、字幕的添加等等。

8.4.3　制作家庭影片

使用会声会影可以编辑各种视频文件，例如，可以把平时录制的生活 DV(生日宴会、婚礼、旅游、生活片断等)进行简单的编辑与合成，添加上视频效果，配上背景音乐，使之更具趣味性。下面介绍一种最简单的编辑方法，即使用向导来编辑视频，具体操作步骤如下：

步骤 1：启动会声会影 9 软件。

步骤 2：单击菜单栏中的【工具】/【会声会影影片向导】命令，如图 8-96 所示。

步骤 3：在打开的【会声会影影片向导】对话框中单击【插入视频】按钮，导入预先准备好的视频文件，如图 8-97 所示。

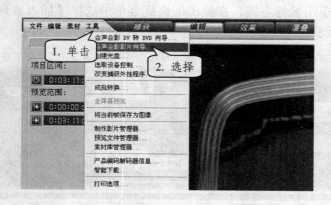

图 8-96　执行【会声会影影片向导】命令　　　　图 8-97　插入视频文件

步骤 4：导入视频以后，在向导对话框的下方将出现每段视频的缩略图，单击缩略图，可以在预览窗口中回放与剪辑该视频，如图 8-98 所示。

图 8-98　导入的视频

步骤 5：如果要对视频素材进行剪辑，可以拖动修剪滑块，设置开始标记和结束标记，则两个标记之间的部分为保留的视频部分，如图 8-99 所示。

图 8-99　修剪视频素材

　　步骤 6：单击 下一步> 按钮，进入向导对话框的下一个页面，这时可以为视频选择模板，例如选择"夏日海滩"，如图 8-100 所示。

图 8-100　选择"夏日海滩"模板

　　步骤 7：单击右下角的【标记素材】按钮 ，则弹出【标记素材】对话框，同时选择对话框中的三个视频素材，单击 必需 按钮，最后再单击 确定 按钮返回向导对话框，如图 8-101 所示。

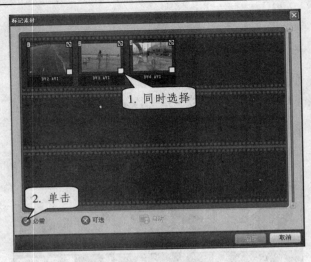

图 8-101 【标记素材】对话框

步骤 8：在向导对话框中单击 [下一步>] 按钮，则弹出一个提示框，询问"是否将影片创建为新项目"，此时单击 [是(Y)] 按钮，这样就进入了会声会影的专业编辑窗口，如图 8-102 所示，此时可以对视频进行细致的编辑。

图 8-102 会声会影的专业编辑窗口

步骤 9：如果需要输出，则切换到【分享】选项卡，这时可以将编辑的视频输出为 DVD、SVCD 或 AVI 格式的文件。

重点提示　会声会影属于比较简单易学的软件，即便新手也可以在几天之内完全掌握它，随心所欲地编辑自己的 DV 作品，但是本书只简单地提及了它的一部分功能，建议有兴趣的读者阅读专门介绍会声会影的相关书籍。

第

9

章

我的家庭影院

本 章 要 点

- 让"录音机"留住声音
- Windows Media Player
- 聆听美妙的音乐——千千静听
- 视频播放——暴风影音
- 网络视听新感受

　　一台电脑就是一个家庭的数字媒体中心，配上一套不错的音箱，就可以享受家庭影院带来的视觉与听觉冲击。本章主要介绍如何利用电脑实现多媒体视听方面的功能，比如看电影、听音乐、录音等，与电视相比，利用电脑的娱乐功能可以欣赏一些实时的节目、最新的大片，还可以在线听音乐、看电视、看电影等，用户的主动权更大。

9.1　让"录音机"留住声音

　　Windows 操作系统本身提供了一些多媒体播放工具，其中"录音机"是最简单易用的一款，不仅可以播放声音，而且还可以录制声音，与生活中的录音机极其相似。

9.1.1　认识"录音机"

　　在桌面上单击【开始】/【所有程序】/【附件】/【娱乐】/【录音机】命令，打开【声音－录音机】对话框，如图 9-1 所示。

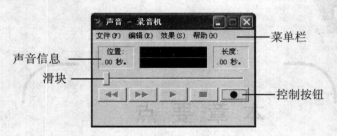

图 9-1　【声音－录音机】对话框

　　菜单栏主要用于控制声音的操作；声音信息分为左、中、右三部分，左侧显示播放头的位置，右侧显示声音的总长度，中间显示声音的波形；滑块用于控制与显示声音的播放进度；控制按钮用于声音的录制、播放、停止等操作。

　　↘　单击"播放"按钮 ▶ ，开始播放声音。

　　↘　单击"停止"按钮 ■ ，停止播放声音。

　　↘　单击"移至首部"按钮 ◀◀ ，可以转到声音文件的开始。

　　↘　单击"移至尾部"按钮 ▶▶ ，可以转到声音文件的末尾。

　　↘　单击"录制"按钮 ● ，开始录制声音。

9.1.2　使用"录音机"播放声音

使用录音机可以播放声音，但是它只能播放 wav 格式的音频文件，不支持 mp3、MID 格式。使用录音机播放声音的操作方法如下：

步骤 1：将音箱连接到计算机上。

步骤 2：启动录音机程序，单击菜单栏中的【文件】/【打开】命令，在弹出的【打开】对话框中选择要播放的声音文件 (*.wav)，然后单击 打开(0) 按钮，如图 9-2 所示。

步骤 3：单击"播放"按钮 ► ，开始播放声音，如图 9-3 所示。

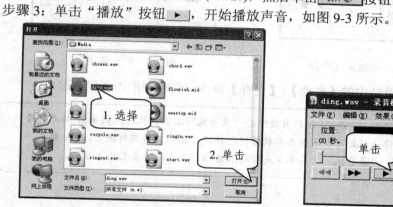

图 9-2　选择要播放的声音文件

图 9-3　播放声音

9.1.3　使用"录音机"录制声音

既然是录音机，当然要名符其实，使用 Windows 中的"录音机"工具可以录制声音，具体操作方法如下：

步骤 1：将麦克风连接到计算机上，如图 9-4 所示。

步骤 2：启动录音机程序，单击菜单栏中的【文件】/【新建】命令，创建一个新文件，如图 9-5 所示。

图 9-4　连接麦克风

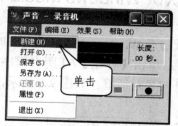

图 9-5　创建一个新文件

步骤 3：单击"录制"按钮 ● ，如图 9-6 所示，开始录制声音。

步骤 4：录音完毕后，单击"停止"按钮 ■ ，停止录制声音，如图 9-7 所示。

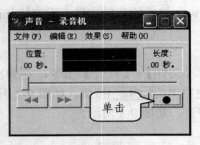
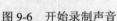

图 9-6　开始录制声音　　　　　　　　图 9-7　停止录制声音

步骤 5：单击菜单栏中的【文件】/【保存】命令，将录制的声音保存起来。

重点提示　　　　使用 Windows 操作系统中的"录音机"工具，只能录制 wav 格式的音频文件，但是可以通过工具软件进行转换，例如，将其转换为 mp3 格式。另外，"录音机"工具本身是有局限性的，声音文件最长为 1 分钟。

9.2　Windows Media Player

Windows Media Player 是微软公司出品的一款免费播放器，是 Windows XP 的一个组件，通常简称"WMP"。它是一款多功能媒体播放机，利用它可以播放 MP3、WMA、WAV 等音频文件以及 AVI、MPEG、DVD 等视频文件。

9.2.1　认识 Windows Media Player

第一次启动 Windows Media Player 时，要进行相关的设置。具体操作步骤如下：

步骤 1：单击【开始】/【所有程序】/【附件】/【娱乐】/【Windows Media Player】命令，打开向导对话框，如图 9-8 所示，这里主要是对 Windows Media Player 播放器作了一些说明。

步骤 2：单击 下一步(N) > 按钮，在对话框中可以设置一些隐私选项，如图 9-9 所示。

图 9-8　播放器的说明

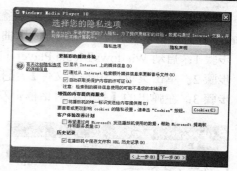

图 9-9　隐私选项

步骤 3：单击  按钮，在对话框中可以选择播放机将成为哪些文件的默认播放机，如图 9-10 所示。

步骤 4：单击 完成 按钮，则完成了播放器的设置工作，并进入了播放器程序窗口，如图 9-11 所示。以后再启动该播放器时，将直接进入播放器程序窗口。

图 9-10　选择文件类型

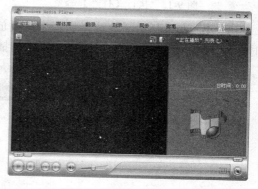

图 9-11　播放器程序窗口

Windows Media Player 播放器的程序窗口比较特别，根本不像窗口，因为没有菜单栏等窗口要素。整个窗口大部分是用来显示视听内容的，在窗口的下方有一排按钮，用于控制视频或音频文件的播放，当光标指向这些按钮时，就会出现相应的提示信息。

如果要让 Windows Media Player 播放器的程序窗口显示出菜单栏，可以在其标题栏上单击鼠标右键，在弹出的快捷菜单中选择【显示经典菜单】命令，或者按下 Alt 键，这样就可以看到经典的窗口样式。

9.2.2　播放电脑中保存的歌曲

如果将 Windows Media Player 设置为默认的播放器，那么在【资源管理器】窗口中双击声音文件，可以直接启动该播放器并播放声音。另外，也可以先启动 Windows Media Player，再通过菜单打开电脑中保存的歌曲文件。具体操作步骤如下：

步骤 1：启动 Windows Media Player，在程序窗口中按下 Alt 键，显示出菜单栏。

步骤 2：单击菜单栏中的【文件】/【打开】命令，如图 9-12 所示。

步骤 3：在弹出的【打开】对话框中双击要播放的歌曲文件，如图 9-13 所示。

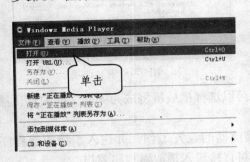

图 9-12 执行【打开】命令

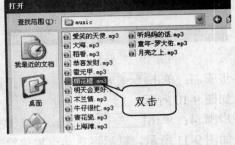

图 9-13 双击要播放的声音文件

步骤 4：这时开始播放选择的音乐，播放器画面中出现可视化效果，并且可以更改，同时通过下方的控制按钮，可以控制音乐的播放，如图 9-14 所示。

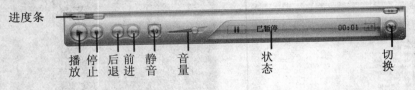

图 9-14 控制按钮

9.2.3 播放 VCD 中或硬盘上的电影

Windows Media Player 既可以播放电脑中的音乐，也可以播放各种视听光盘，同时提供了丰富的个性化设置。

如果电脑安装了 CD-ROM 或 DVD-ROM(光盘驱动器)，而且设置了自动播放功能，那么只要把 VCD 电影光碟放入光盘驱动器，就会自动检测并播放。

也可以先启动 Windows Media Player，通过手工选择的方式播放视频文件，具体操作与播放声音文件类似。

步骤 1：首先启动 Windows Media Player，然后执行【打开】命令，在弹出的【打开】对话框中选择要播放的电影文件，如图 9-15 所示。

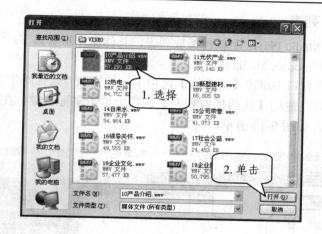

图 9-15　选择要播放的电影文件

步骤 2：单击 打开(O) 按钮，此时可以在播放器中观看电影，如图 9-16 所示。

图 9-16　正在播放电影

9.2.4　创建与管理播放列表

将喜欢的多个音频或视频文件放置在一个播放列表中后，可以方便下次欣赏，并且可以按次序播放或随机播放。下面介绍如何在 Windows Media Player 中创建和管理播放列表。

1．创建播放列表

要在 Windows Media Player 中创建播放列表，具体操作步骤如下：

步骤 1：启动 Windows Media Player。

步骤 2：在程序窗口中单击【媒体库】选项卡，切换到"媒体库"页面。

步骤 3：在页面左侧的【我的播放列表】选项上单击鼠标右键，在弹出的快捷菜单中选择【新建】命令，如图 9-17 所示。

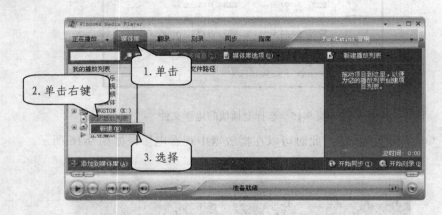

图 9-17　新建播放列表

步骤 4：在窗口右上方单击"新建播放列表"按钮，在打开的下拉列表中选择【将播放列表另存为】命令，如图 9-18 所示。

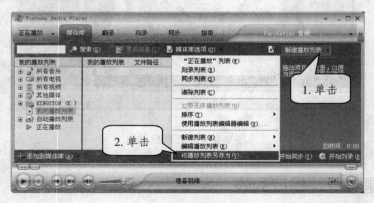

图 9-18　保存播放列表

步骤 5：在弹出的【另存为】对话框中将播放列表命名保存，例如保存为"流行音乐"，则可以看到新建播放列表的保存路径，如图 9-19 所示。

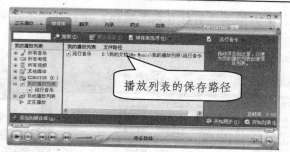

图 9-19　播放列表的保存路径

2．将歌曲添加到播放列表

创建了播放列表以后，就可以将自己喜欢的歌曲添加到播放列表中了，今后播放时会更加方便，具体操作步骤如下：

步骤 1：展开窗口左侧的【我的播放列表】选项，选中需要添加歌曲的播放列表，例如刚创建的"流行音乐"，如图 9-20 所示。

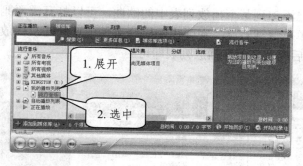

图 9-20　选中要添加歌曲的播放列表

步骤 2：打开存放音乐的文件夹，将需要添加的歌曲拖动到窗口右侧的列表空格中，如图 9-21 所示。

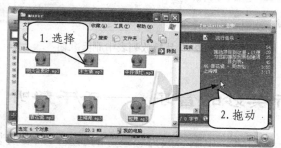

图 9-21　向播放列表中添加歌曲

步骤 3：在窗口右上方单击"流行音乐"按钮，在打开的下拉列表中选择【保存播放列表】命令即可，如图 9-22 所示。

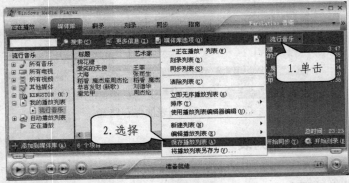

图 9-22　保存播放列表

3．删除歌曲

如果需要删除已添加到某个播放列表中的歌曲，可以打开需要删除歌曲的播放列表，在要删除的歌曲上单击鼠标右键，在弹出的快捷菜单中选择【从播放列表中删除】命令，如图 9-23 所示，最后再重新保存播放列表即可。

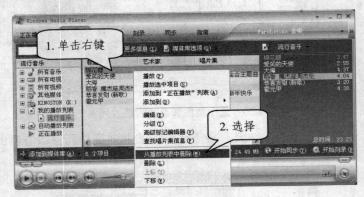

图 9-23　从播放列表中删除歌曲

📖9.3　聆听美妙的音乐——千千静听

如果您是一位音乐爱好者，电脑会成为您最好的朋友，只要安装一款音频播放器，就可以让电脑成为不错的音响系统。其中"千千静听"是目前最流行的一款音频播放器，它除了可以播放本地音乐外，还能在线自动下载歌曲，并能自由转换 MP3、Wma 和 Wav 等多种音频格式，具有界面美观、音质完美、还原听觉效果等优点。

9.3.1 千千静听的界面

安装千千静听之后，接上音箱，就可以欣赏美妙的音乐了。启动该播放器以后，可以看到其工作界面由 5 部分组成，分别是主界面、均衡器、播放列表、歌词秀、音乐窗，并且每个窗口可以单独关闭，如图 9-24 所示。

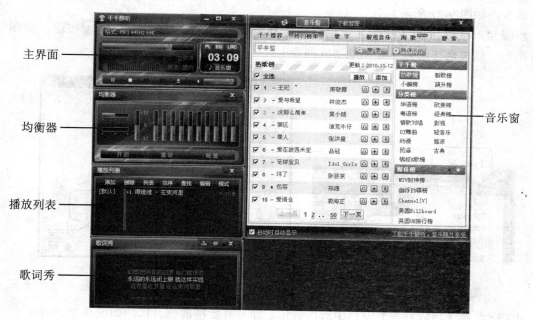

图 9-24 千千静听的工作界面

9.3.2 播放本地音乐文件

如果要播放本地音乐文件，可以按照如下步骤进行操作：

步骤 1：在桌面上双击"千千静听"快捷方式图标，打开【千千静听】窗口，如图 9-25 所示。

步骤 2：按下 F4 键，或者单击【千千静听】窗口中的 PL 按钮，可以打开【播放列表】窗口，如图 9-26 所示。

图 9-25　【千千静听】窗口　　　　　　图 9-26　【播放列表】窗口

步骤 3：在【播放列表】窗口中单击"添加"按钮，在打开的下拉列表中选择【文件】命令，如图 9-27 所示。

步骤 4：在弹出的【打开】对话框中选择要播放的音乐，单击 ✔打开(O) 按钮，如图 9-28 所示，则将选择的音乐添加到播放列表中。

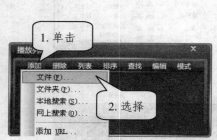

图 9-27　执行【文件】命令　　　　　　图 9-28　选择要播放的音乐

步骤 5：在【播放列表】窗口中双击音乐，即可开始播放该音乐，如图 9-29 所示。

步骤 6：按下 F3 键，或者单击【千千静听】窗口中的 EQ 按钮，可以打开【均衡器】窗口，通过均衡器可以调音，如图 9-30 所示。

图 9-29　双击要播放的音乐　　　　　　图 9-30　【均衡器】窗口

9.3.3　制作播放列表

在工作或休息时，播放一段轻音乐或流行歌曲，是一件很惬意的事情。但是如果频繁地去选择音乐，非常麻烦。如果我们喜欢的音乐能够一首接一首地播放，是最理想的效果，也是我们想要的享受，这时可以通过制作播放列表来实现，具体操作步骤如下：

步骤1：启动千千静听，按下F4键打开【播放列表】窗口。

步骤2：单击"列表"按钮，在打开的下拉列表中选择【新建列表】命令，如图9-31所示。

步骤3：在列表栏中会创建一个新列表，修改名称为"mymusic"，如图9-32所示。

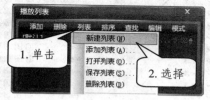

图9-31　选择【新建列表】命令

图9-32　创建的新列表

步骤4：按照前面的方法，单击"添加"按钮，向列表中添加自己喜欢的音乐，如图9-33所示。

步骤5：如果要将一个文件夹中的所有音乐添加到列表中，可以单击"添加"按钮，在打开的下拉列表中选择【文件夹】命令，在弹出的【浏览文件夹】对话框中指定文件夹即可，如图9-34所示。

图9-33　添加的音乐

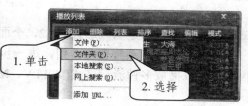

图9-34　添加文件夹中的所有音乐

步骤6：单击"列表"按钮，在打开的下拉列表中选择【保存列表】命令，可以将编辑的列表保存起来。以后要播放的时候，打开列表即可。

9.3.4　使用千千静听在线听歌

如果要在线听音乐，在音乐窗中切换到相应的选项卡，单击需要收听的音乐链接，即可将其添加到默认的播放列表中，同时开始播放。如果音乐窗中没有自己喜欢的音乐，可以通过【搜索】选项卡进行搜索，具体操作步骤如下：

步骤1：在千千静听音乐窗中切换到【搜索】选项卡，在搜索框中输入要播放的音乐，如"上海滩"，单击 搜索 按钮，如图9-35所示。

步骤2：在搜索结果列表中单击需要播放的音乐链接，则音乐自动添加到播放列表中，并且开始播放，如图9-36所示。

图9-35　搜索要播放的音乐

图9-36　单击需要播放的音乐链接

9.4　视频播放——暴风影音

暴风影音的最新版本是暴风影音2012，全面接入央视视频内容和高清影视节目，精彩更丰富，同时大幅降低了系统资源占用，进一步提高了播放的流畅度。它是一款音频和视频播放软件，可以播放多种流行格式(如FLV、MP4)的视频。

9.4.1　播放本地视频文件

暴风影音支持500种文件格式，它能播放多种格式的文件，如QuickTime、AVI、MPEG、FLV、WAV、MKV等流行视频与音频格式。用户可以使用它来播放电影，具体操作步骤如下：

步骤1：双击桌面上的快捷图标，启动暴风影音，如图9-37所示。

步骤2：在【暴风影音】窗口中单击"正在播放"右侧的 ，在打开的下拉列表中选择【打开文件】命令，如图9-38所示。

图 9-37　启动暴风影音

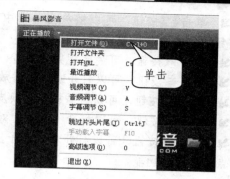

图 9-38　执行【打开文件】命令

步骤 3：在【打开】对话框中双击要播放的文件，如图 9-39 所示。

步骤 4：这时，播放器将自动播放双击的文件，如图 9-40 所示，右侧的播放列表中会显示已经播放过的文件名称。

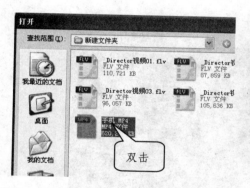

图 9-39　双击要播放的文件

图 9-40　播放双击的文件

当播放视频文件时，通过暴风影音下方的控制按钮，可以控制视频的播放或暴风影音的基本设置，如图 9-41 所示。

图 9-41　暴风影音的控制按钮

➢ 单击 📁 按钮，可以打开要播放的视频文件。

➢ 单击 ■ 按钮，可以停止正在播放的视频文件。

➢ 单击 |◀ 按钮，可以切换到播放列表中的上一个视频文件。

➢ 单击 ▶| 按钮，可以切换到播放列表中的下一个视频文件。

➥ 单击 ▶ 按钮，可以播放当前选中的视频文件。当播放视频文件时，该按钮变为 ⏸ 按钮，单击它可以暂停播放。

➥ 单击 🔊 按钮，可关闭视频的声音，其右侧的滑块可以控制音量。

➥ 单击 ≣ 按钮，可以打开或关闭播放列表。

➥ 单击 🗂 按钮，可以为播放器更换皮肤。

➥ 单击 ⚙ 按钮，可以打开【设置】对话框，设置音频、视频、字幕等内容。

➥ 单击 Ⓥ 按钮，可以打开暴风盒子，它是一个在线网络视频的功能窗口，可以实现 "一点即播" 的功能。

9.4.2　用暴风影音在线看电影

通过暴风影音可以在线看电影与电视。操作方法非常简单，启动暴风影音之后，单击右上角的【在线视频】选项卡，然后在列表中选择自己喜欢的影视或新闻，双击它即可观看，如图 9-42 所示。

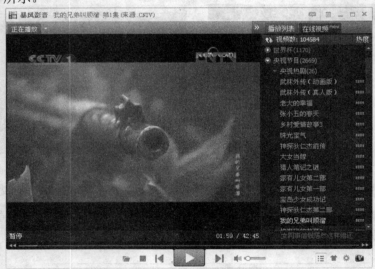

图 9-42　在线看电影与电视

📖9.5　网络视听新感受

网络是最丰富的媒体资源中心，除了可以找到经典的音乐或影视作品外，还可以随时享受到最新的音乐或影视大作。随着网络技术的发展，上网听歌、上网看电视、上网看电影等已经成为一种时尚。

9.5.1　使用 QQ 音乐听歌

　　QQ 音乐是腾讯公司推出的一款免费音乐播放器，同时支持在线音乐和本地音乐的播放，是国内内容最丰富的音乐平台。其独特的音乐搜索和推荐功能，可以让用户尽情地享受最流行、最火爆的音乐。

　　安装了 QQ 音乐以后，就可以启动它进行在线听歌了。其左侧是主界面，右侧是乐库窗口，如图 9-43 所示。

图 9-43　QQ 音乐界面

　　QQ 音乐的主界面包括播放器与【播放列表】、【随便听听】等选项卡，此时单击主界面中的"播放"按钮 ▶，将按顺序播放【随便听听】选项卡中的歌曲。

　　乐库窗口显示了新歌、热歌、歌手专辑等，在需要播放的歌曲名称上单击鼠标，就可以将其添加到"播放列表"中并开始播放。

　　下面介绍如何播放自己喜欢的歌曲，具体操作步骤如下：

　　步骤 1：如果要听指定歌手的歌曲，可以在 QQ 音乐的乐库窗口中切换到【歌手】选项卡，然后在搜索框中输入歌手的名字，单击 搜索 按钮，如图 9-44 所示。

　　步骤 2：在出现的歌曲列表中单击需要播放的歌曲名称，则歌曲自动添加到播放列表中，并开始播放，如图 9-45 所示。

图 9-44　搜索指定的歌手

图 9-45　单击要播放的歌曲

步骤 3：如果要听指定的歌曲，可以切换到【搜索】选项卡，在搜索框中输入歌曲名称，如"我的未来不是梦"，然后单击 ▣搜索▣ 按钮，如图 9-46 所示。

步骤 4：在搜索结果列表中单击歌曲名称，则歌曲将自动添加到播放列表中并播放，如图 9-47 所示。

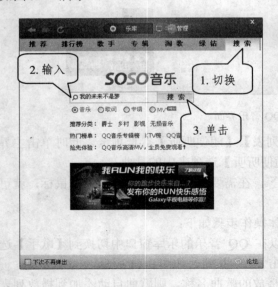

图 9-46　搜索指定的歌曲

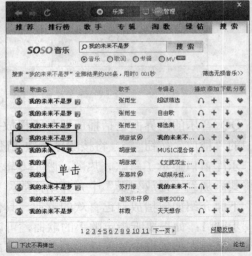

图 9-47　单击歌曲名称

9.5.2 百度也能听音乐

百度是大家所熟知的搜索引擎，使用它也能让用户方便快捷地找到歌曲，还提供了音乐排行榜。搜索到音乐以后，既可以在线试听，也可以下载到本地电脑中，十分方便。使用百度听音乐的操作步骤如下：

步骤 1：打开百度主页，在页面中单击"MP3"超链接，如图 9-48 所示。

步骤 2：进入百度音乐搜索页面，在页面的搜索框中输入喜欢的歌曲名，如"上海滩"，然后单击 百度一下 按钮或回车确认，如图 9-49 所示。

图 9-48　单击"MP3"超链接

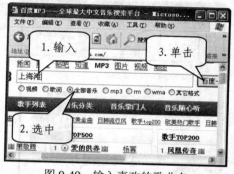

图 9-49　输入喜欢的歌曲名

步骤 3：执行搜索后出现搜索页面，在页面中显示了符合要求的所有音乐，如图 9-50 所示。用户可以在页面中选择自己喜欢的音乐。

步骤 4：单击右侧的"试听"超链接，弹出【百度音乐盒】窗口，此时就可以试听选择的音乐了，如图 9-51 所示。

图 9-50　搜索结果

图 9-51　试听选择的音乐

9.5.3 网上的音乐听不完

在网上听音乐非常方便，而且永远有听不完的音乐。我们可以直接到专业的音乐网站上听音乐，这类网站提供的音乐往往具有较好的音质，并且播放速度快。下面以"一听音乐网"为例介绍如何在线听音乐，具体操作步骤如下：

步骤 1：启动 IE 浏览器，在地址栏中输入 http://www.1ting.com，然后回车，进入该网站。

步骤 2：在该网站的首页中可以看到有若干版块，如"新歌推荐"、"会员推荐"、"经典老歌"等等。

步骤 3：勾选需要播放的歌曲，然后单击 ▶播放 按钮，如图 9-52 所示。

步骤 4：在打开的歌曲页面中，等待缓冲完成以后就可以在线听音乐了，而且还可以看到歌词，如图 9-53 所示。

图 9-52　选择要播放的歌曲

图 9-53　在线听音乐

步骤 5：如果希望听某位歌手的歌曲，可以在音乐网的首页中单击导航中的分类，如"华语男歌手"，如图 9-54 所示。

步骤 6：在打开的歌手列表中，可以按照字母排序查找歌手，想听某人的歌曲，则单击其姓名，如"阿宝"，如图 9-55 所示。

图 9-54　单击"华语男歌手"分类

图 9-55　选择要听的歌手名字

步骤 7：在打开的页面中将显示该歌手歌曲专辑列表或曲目名称，此时参照前面的方法，勾选需要播放的歌曲，然后单击 ▶播放 按钮即可，如图 9-56 所示。

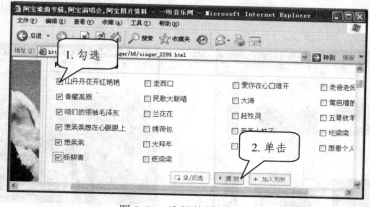

图 9-56　选择并播放歌曲

9.5.4　土豆网上看视频

土豆网是比较受欢迎的视频网站之一，其播放的画面比较清晰。用户可以向网站上传视频，也可以在线观看别人发布的视频。实际上，还有很多视频网站也非常不错，如优酷网、56 网等。这里以土豆网为例，介绍在网站上观看视频的方法，具体操作步骤如下：

步骤 1：启动 IE 浏览器，在地址栏中输入 http://www.tudou.com 并回车，进入土豆网视频网站，如图 9-57 所示。

步骤 2：在页面顶部设置搜索类型为"视频"，在"视频"右侧的搜索框中输入关键字，如"我的兄弟叫顺溜"，单击 搜索 按钮，如图 9-58 所示。

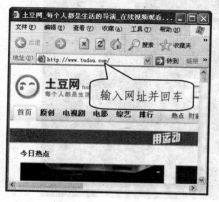

图 9-57　进入土豆网主页

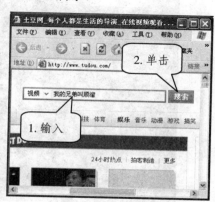

图 9-58　输入关键字

步骤 3：此时可以在搜索结果页面中选择视频观看，例如单击"我的兄弟叫顺溜第 1 集"链接，如图 9-59 所示。

步骤 4：在打开的视频播放页面中，当视频缓冲完毕以后，用户便可以观看视频了，如图 9-60 所示。

图 9-59　单击要观看的视频

图 9-60　观看视频

9.5.5　使用 PPS 看电视

PPS(全称 PPStream)是全球第一家集 P2P 直播点播于一身的网络电视软件，能够在线收看电影电视剧、体育直播、游戏竞技、动漫、综艺、新闻、财经资讯等。安装了 PPS 以后就可以使用 PPS 观看电视节目了，具体操作步骤如下：

步骤 1：启动 PPS 软件，其界面分为左、中、右三部分，中间的部分为播放窗口，左侧为播放列表，右侧为广告信息，如图 9-61 所示。

图 9-61　PPS 工作界面

步骤 2：在左侧的列表中分成了若干类，可以根据需要展开，然后双击需要播放的节目，例如"最新更新>综艺娱乐>天天向上"，如图 9-62 所示。

图 9-62　选择要观看的节目

步骤 3：中间的播放窗口将出现倒计时的广告，同时节目进行缓冲，缓冲完毕后，就开始播放选择的电视或电影节目了，如图 9-63 所示。

图 9-63　正在播放选择的节目

步骤 4：在播放的过程中，可以通过下方的控制按钮控制视频的暂停与播放，如果想全屏观看，可以按下 Alt+Enter 键。

9.5.6　在网站上看电视

除了前面介绍的方法外，还可以登录官方网站在线看电视。很多电视台都推出了网络电视节目，目前，中国网络电视台是一个非常好的平台，它将央视网络电视节目以及地方的热门卫视节目综合到一个平台之中，通过宽带网络提供给广大用户，其网址是http://www.cntv.cn，首页如图 9-64 所示。

图 9-64　中国网络电视台首页

下面介绍如何通过中国网络电视台在线收看电视节目，具体操作步骤如下：

步骤 1：启动 IE 浏览器，进入中国网络电视台首页。

步骤 2：在【视听联盟】导航栏中单击"全国卫视"栏目，如图 9-65 所示，进入该栏目的首页。

步骤 3：该页面中列出了全国的卫视频道，单击要观看的电视台，如"北京卫视"，如图 9-66 所示。

图 9-65　单击"全国卫视"栏目

图 9-66　单击要观看的电视台

步骤 4：在打开的页面中，左侧是播放窗口，播放该时间段的直播节目。右侧是栏目导航以及各时间段的节目，如图 9-67 所示。如果要回放以前的节目，直接单击该节目即可。

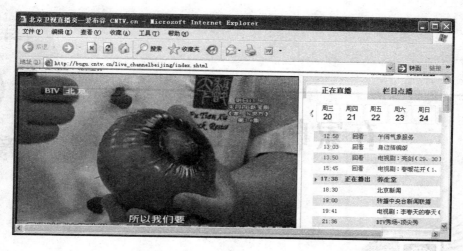

图 9-67　在线播放电视节目

重点提示

用户可以直接在网站上听歌、看电视等，但是由于网站经常更新，除了内容更新外，还有版面结构、导航方式等，所以，上面的操作步骤并不是一成不变的。

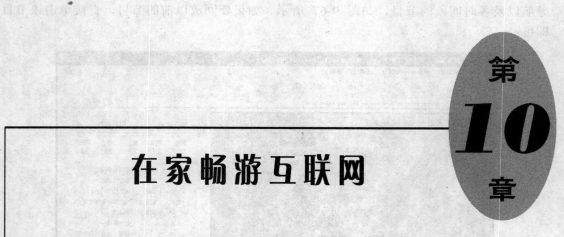

第 **10** 章

在家畅游互联网

本 章 要 点

- 接入 Internet 网络
- 使用 IE 浏览网页
- 搜索网络信息
- 下载网络资源

如今，互联网已经深入到人们生活、学习与工作的方方面面。对于普通家庭来讲，购买电脑的重要用途之一就是"上网"。所以很有必要介绍一些网络知识，让大家学会使用 IE 浏览网页、查找需要的信息(如地图、乘车路线、天气预报等)、下载有用的资料，轻轻松松地在家畅游互联网，充分体验网上冲浪的惬意。

📖 10.1 接入 Internet 网络

上网的方式有很多种，如 ADSL 上网、小区宽带、无线上网等，而 ADSL 上网是最普遍、最实惠的一种家庭上网方式，只要拥有一根电话线即可。

10.1.1 上网方式介绍

ADSL 上网：这是一种通过电话线上网的方式，是目前我国家庭上网最主要的方式。其优点是上网的同时可以使用电话，但是对通话质量有一定的影响。

小区宽带：又称 LAN，是目前大中城市较普及的一种上网方式，它主要采用光缆与双绞线相结合的布线方式，利用以太网技术为整个小区提供宽带接入服务。

无线上网：无线上网也越来越普及。主要有两种方式：一是通过手机开通上网功能，然后让电脑通过手机或无线网卡来上网；二是通过无线网络设备，以传统局域网为基础，用无线 AP 和无线网卡来上网。

10.1.2 开通 ADSL 业务

要开通 ADSL 上网业务，用户需要向当地的电信营业厅或者是其他 ADSL 服务商提出申请，并办理相关手续，基本流程如图 10-1 所示。

图 10-1　申请 ADSL 业务的基本流程

第一，在当地 ADSL 业务营业厅申请开通 ADSL，此时需要详细填写业务登记单，填写申请人的有效证件名称及证件号码，并向服务人员交验证件。

第二，填写登记单并交费后，即可获得一个 ADSL 上网帐号、用户名和密码。

第三，交费后的几个工作日内，工作人员便会主动与您联系，上门安装。

第四，工作人员安装 ADSL 时，将免费提供 ADSL Modem、分离器和 pppOE(宽带通)

客户端软件，连接后开通上网业务。

10.1.3　ADSL Modem 与电脑的连接

开通 ADSL 业务以后，工作人员会将电脑与 ADSL Modem 连接起来，并设置好上网程序。当然用户也可以自己动手连接，具体的操作方法如下：

步骤 1：将电话线的入户端接入信号分离器的一端，如图 10-2 所示。

步骤 2：将 ADSL 线接入信号分离器的 ADSL 接口，将电话线接入 PHONE 接口，如图 10-3 所示。

图 10-2　接入电话线入户端

图 10-3　接入电话线及 ADSL 线

步骤 3：将电话线的另一端连接电话机，将 ADSL 线的另一端连接 ADSL Modem，并且将 USB 数据线接入 USB 接口，如图 10-4 所示。

步骤 4：将 USB 数据线的另一端接入电脑后置面板的 USB 接口，如图 10-5 所示。

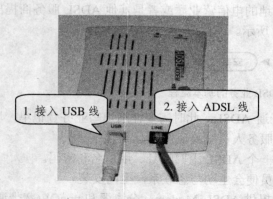

图 10-4　接入 ADSL 线及 USB 线

图 10-5　接入电脑

不同品牌的 ADSL Modem 产品，其端口顺序也不一定相同，有的还带有电源线，因此，可以根据说明书进行连接。

重点提示

10.1.4　建立 ADSL 拨号连接

安装并连接了上网的各种硬件设备以后，还需要建立 ADSL 拨号连接。下面介绍如何创建 ADSL 拨号连接，并连接互联网。具体操作步骤如下：

步骤 1：在桌面的"网上邻居"图标上单击鼠标右键，在弹出的快捷菜单中选择【属性】命令，如图 10-6 所示。

步骤 2：在打开的【网络连接】窗口中单击左侧的"创建一个新的连接"超链接，如图 10-7 所示。

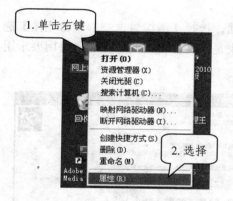

图 10-6　执行【属性】命令　　　　图 10-7　单击"创建一个新的连接"超链接

现在大多数家庭都使用 ADSL 方式上网，这种方式需要先开通 ADSL 上网业务。实际上，如果用户对网络知识一窍不通也没有关系，因为网络的开通、设置等前期工作，是由网络服务商的技术人员上门服务的。

重点提示

步骤 3：打开【新建连接向导】对话框，这里不做任何选择，直接单击 下一步(N) > 按钮，如图 10-8 所示。

步骤 4：进入向导对话框的"网络连接类型"页面，选择【连接到 Internet】选项，然后单击 下一步(N) > 按钮，如图 10-9 所示。

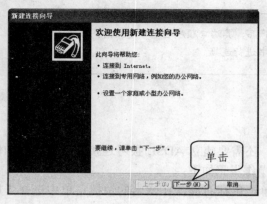

图 10-8 【新建连接向导】对话框

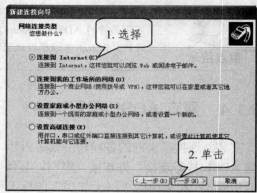

图 10-9 "网络连接类型"页面设置

步骤 5：进入向导对话框的"准备好"页面，选择【手动设置我的连接】选项，然后单击 下一步(N) > 按钮，如图 10-10 所示。

步骤 6：进入向导对话框的"Internet 连接"页面，选择【用拨号调制解调器连接】选项，单击 下一步(N) > 按钮，如图 10-11 所示(注意，如果是小区宽带上网，则选择【用要求用户名和密码的宽带连接来连接】选项)。

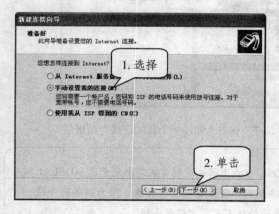

图 10-10 "准备好"页面设置

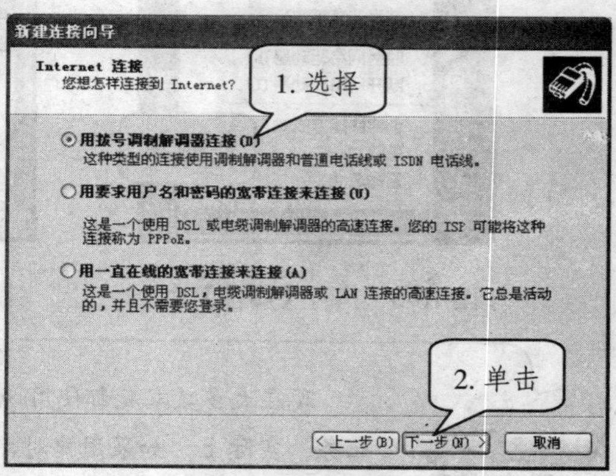

图 10-11 "Internet 连接"页面设置

步骤 7：进入向导对话框的"连接名"页面，在【ISP 名称】文本框中输入连接名称，例如"ADSL 上网"，这里也可以什么都不输入，不影响上网，单击 下一步(N) > 按钮，如图 10-12 所示。

步骤 8：进入向导对话框的"要拨的电话号码"页面，这里输入用于上网的电话号码，然后单击 下一步(N) > 按钮，如图 10-13 所示。

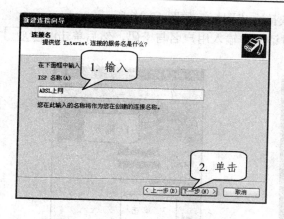

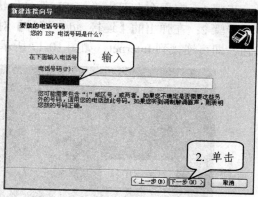

图 10-12　"连接名"页面设置　　　　　　图 10-13　"要拨的电话号码"页面设置

　　步骤 9：进入向导对话框的"Internet 帐户信息"页面，输入用户名和密码。这里的"用户名"和"密码"是您在电信、网通或铁通办理宽带上网业务时工作人员提供给您的，如果不清楚可以打服务电话咨询。然后单击 下一步(N) > 按钮，如图 10-14 所示。

　　步骤 10：进入向导对话框的"正在完成新建连接向导"页面，勾选【在我的桌面上添加一个到此连接的快捷方式】选项，然后单击 完成 按钮，如图 10-15 所示。

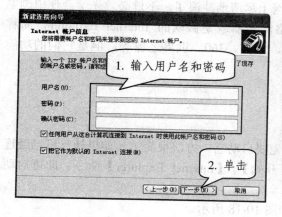

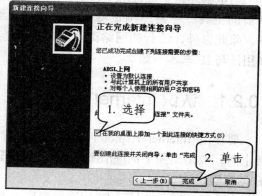

图 10-14　"Internet 帐户信息"页面设置　　图 10-15　"正在完成新建连接向导"页面设置

10.1.5　实现上网

　　创建了拨号连接之后，用户可以单击桌面上的快捷方式图标进行拨号，拨号成功之后便可实现上网。其具体操作步骤如下：

步骤 1：在桌面上双击"ADSL 拨号"快捷方式图标，如图 10-16 所示。

步骤 2：在弹出的【连接 adsl 拨号】对话框中输入用户名与密码，然后单击 拨号(D) 按钮，即可连接到 Internet，如图 10-17 所示。

图 10-16 双击"ADSL 拨号"快捷方式图标

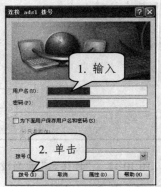

图 10-17 【连接 adsl 拨号】对话框

10.2 使用 IE 浏览网页

当电脑连接了 Internet 以后，就可以在网上尽情地冲浪了。不过必须先学会使用浏览网页的工具——网络浏览器。最常见的网络浏览器就是微软的 Internet Explorer，简称 IE。除此以外，流行的网络浏览器还有傲游、火狐、360、世界之窗等，但是它们的功能和用法与 IE 基本一致。

10.2.1 认识 Internet Explorer

要使用 Internet Explorer 浏览网页，首先要启动它。方法很简单，如果计算机已经连接上网，双击桌面上的 图标，或者单击【开始】/【Internet Explorer】命令，即可启动 IE 浏览器。

启动后，屏幕会显示 IE 浏览器窗口，如图 10-18 所示。

IE 窗口的组成如下：

↘ **标题栏**：显示当前网页的标题，右侧分别是最小化、最大化、关闭按钮。

↘ **菜单栏**：提供对 IE 的大部分操作，包括文件、编辑、查看、收藏、工具和帮助 6 个菜单项。

↘ **工具栏**：提供一些常用菜单命令的标准按钮，通过单击它们可以实现浏览网页的相关功能。

➤ **地址栏**：用于输入或显示当前网页的 URL 地址。

➤ **网页信息区**：显示包括文本、图像、声音等网页信息。

➤ **状态栏**：显示浏览器当前的工作状态。

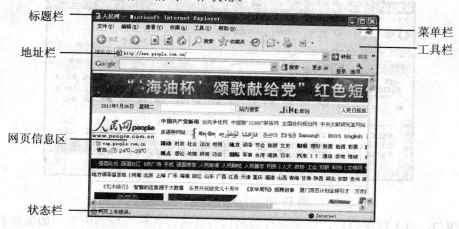

图 10-18　IE 浏览器窗口

10.2.2　在新浪网上看新闻

认识了 IE 浏览器以后，接下来我们学习如何使用 IE 浏览网站，实现网上看新闻的愿望，具体操作步骤如下：

步骤 1：首先启动 Internet Explorer，这时会出现一个默认的网页，个人的电脑设置不同，出现的网页也不一样。这时在 IE 地址栏中单击鼠标，就会选择其中的网址，如图 10-19 所示。

图 10-19　打开的默认网页

步骤 2：重新输入"新浪网"的网址"http://www.sina.com.cn"，然后敲击回车键，就可以打开"新浪网"首页，如图 10-20 所示。

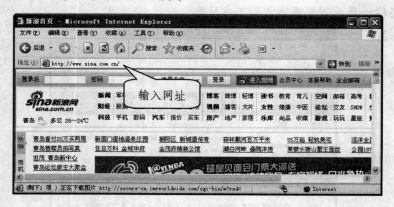

图 10-20 打开"新浪网"首页

步骤 3：进入网站以后，单击感兴趣的标题就可以看到相应的内容。如果要看新闻频道，可以单击"新闻"超链接，如图 10-21 所示。

图 10-21 单击"新闻"超链接

重点提示 所谓的"超链接"是指从一个网页指向一个目标的链接关系，这个目标可以是另一个网页，也可以是相同网页上的不同位置，还可以是一个图片、一个电子邮件地址，甚至是一个应用程序。

超链接是网络的核心技术，是互联网实现人机交互的重要方法，没有它，就无法实现网站或网页之间的跳转，网上冲浪也就无从谈起。当浏览网页时，如果将光标指向文字或图片时，光标变成了"小手"形状，那么它就是超链接，单击它可以进入下一个页面。在网页中，文本、图片、动画等都可以作为实现超链接的对象。

➧ **文本超链接**：以文字作为载体，超链接文字往往含有下划线，即使不含下划线，当将光标指向超链接文字时，文字也会出现下划线或改变颜色。

➧ **图片超链接**：以图片或动画作为载体，从外观上无法辨别，但是将光标指向超链接图片时，光标会变为"小手"形状。

10.2.3　将喜欢的网页收藏起来

为了便于以后上网时方便，对于比较喜欢的网站，用户可以将它保存在浏览器的收藏夹中，这样以后上网时，就不需要每次都输入网址。将网页添加到收藏夹的操作步骤如下：

步骤 1：打开要收藏的网页。

步骤 2：单击菜单栏中的【收藏】/【添加到收藏夹】命令，如图 10-22 所示。

步骤 3：打开【添加到收藏夹】对话框，在【名称】文本框中输入一个可以明显表示网页的名称，也可以使用默认名称；在【创建到】列表中可以选择网页存储的位置，也可以单击 新建文件夹(W)... 按钮创建一个新文件夹，如图 10-23 所示。

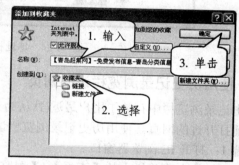

图 10-22　执行【添加到收藏夹】命令　　　　图 10-23　【添加到收藏夹】对话框

步骤 4：单击 确定 按钮，即可将网页地址添加到收藏夹中。

重点提示　　如果要从收藏夹中删除某个网页名称，可以打开【收藏】菜单，在要删除的网页名称上单击鼠标右键，在弹出的快捷菜单中选择【删除】命令，即可将其从收藏夹中删除。

10.2.4　浏览访问过的网页

对于已经访问过的网页，如果下次还要访问，则不必重新输入网址，通过下面两种方法可以实现快速访问。

1. 使用地址栏下拉列表访问网页

在地址栏的下拉列表中保存了最近浏览过的网页地址，如果要浏览最近访问过的网站，最简单的方法就是使用地址栏下拉列表访问，具体操作步骤如下：

步骤 1：打开 IE 浏览器窗口。

步骤 2：单击【地址】右侧的 ⌄ 按钮，打开地址栏下拉列表，如图 10-24 所示。

步骤 3：在地址栏下拉列表中选择要访问的网页地址，即可在网页信息区打开相应的网页。

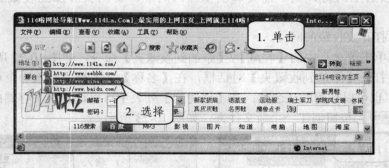

图 10-24　地址栏下拉列表

2. 使用历史记录浏览栏访问网页

历史记录浏览栏中存放了用户最近(默认为 20 天)访问过的网页地址。通过它可以快速访问以前打开过的网页。使用历史记录浏览栏访问网页的操作步骤如下：

步骤 1：打开 IE 浏览器窗口。

步骤 2：单击菜单栏中的【查看】/【浏览器栏】/【历史记录】命令，或者单击工具栏中的 按钮，打开历史记录浏览栏，如图 10-25 所示。

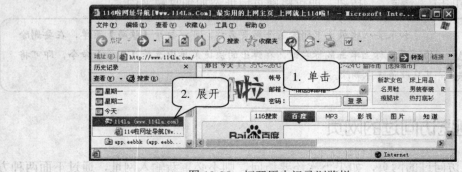

图 10-25　打开历史记录浏览栏

步骤 3：在历史记录浏览栏中单击【查看】按钮右侧的小三角，在弹出的菜单中可以选择显示依据，如选择【按日期】选项，系统将显示指定日期范围内用户曾经浏览过的网页地址。

步骤 4：在历史记录浏览栏的网页地址列表中选择要浏览的网页地址，即可打开指定的网页。

10.2.5　设置 IE 默认主页

IE 默认主页是指启动 IE 以后自动打开的网页。一般来说，应该把自己使用得最频繁的网页设置为 IE 主页，这样，每次上网的时候可以直接进入该网站。当然，把 IE 主页设置为百度、谷歌等搜索引擎类网站也是很好的习惯，因为这样，启动 IE 后马上就可以搜索信息。

假设我们要把新浪网站的首页设置为 IE 主页，具体操作步骤如下：

步骤 1：启动 IE 并在地址栏中输入 www.sina.com.cn，进入新浪网站的首页。

步骤 2：单击菜单栏中的【工具】/【Internet 选项】命令，如图 10-26 所示。

步骤 3：打开【Internet 选项】对话框，切换到【常规】选项卡，在【主页】选项组中单击 使用当前页(C) 按钮，则当前网页地址自动添加到【地址】文本框中，如图 10-27 所示。

图 10-26　执行【Internet 选项】命令

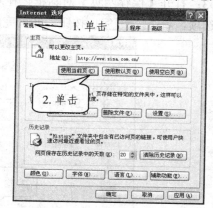

图 10-27　【Internet 选项】对话框

步骤 4：单击 确定 按钮，即可将打开的网页设置为 IE 主页。

重点提示　设置 IE 主页时，如果单击 使用默认页(D) 按钮，可以使用浏览器生产商 Microsoft 公司的首页作为主页；如果单击 使用空白页(B) 按钮，则设置一个不含任何内容的空白页为主页，这时启动 IE 浏览器将不打开任何网页。

10.2.6 保存网页及网页信息

浏览网页的时候，网页中会有大量的图文信息，如果这些内容非常重要，我们可以将它保存下来。保存网页的具体操作步骤如下：

步骤 1：打开要保存的网页。

步骤 2：单击菜单栏中的【文件】/【另存为】命令，如图 10-28 所示。

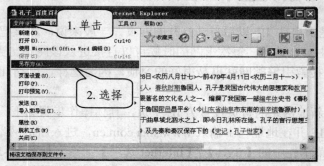

图 10-28 执行【另存为】命令

步骤 3：打开【保存网页】对话框，在对话框中设置相应的保存位置、文件名以及保存类型等选项，单击 保存(S) 按钮，即可完成保存网页的操作，如图 10-29 所示。

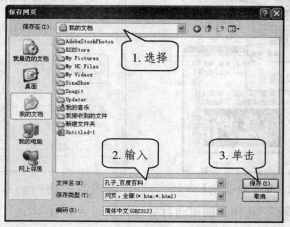

图 10-29 保存网页的操作

重点提示

保存网页时，如果保存的类型是"网页，全部"，保存后将产生多个文件夹，用于放置网页中的图片等。如果保存的类型是"Web 档案，单一文件"，保存后只有一个文件。

　　另外，网页中往往有大量的精美图片，如果用户比较喜欢，也可以只保存图片到电脑中。保存网页中图片的具体操作步骤如下：

　　步骤 1：在网页中的图片上单击鼠标右键，在弹出的快捷菜单中选择【图片另存为】命令，如图 10-30 所示。

图 10-30　执行【图片另存为】命令

　　步骤 2：在打开的【保存图片】对话框中设置保存位置、图片名称等选项，然后单击【保存(S)】按钮完成保存，如图 10-31 所示。

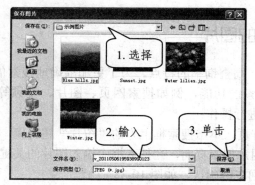

图 10-31　保存图片

重点提示　　　网页中的图片也可以直接设置为桌面：在图片上单击鼠标右键，在弹出的快捷菜单中选择【设置为背景】命令，则图片直接被设置为桌面背景。另外，通过该快捷菜单，还可以打印图片、收藏图片等。

📖10.3　搜索网络信息

　　Internet 是一个浩瀚的信息海洋，具有丰富的网络资源，但是用户要找到自己所需要的信息，如同大海捞针一般，因此，用户必须学会搜索信息的方法。目前，最常用的搜索网站就是百度与谷歌。两者的主要功能是相同的，只是在使用方法上略有不同，另外也有部分功能是互补的。

百度网站的地址为：http://www.baidu.com，首页如图 10-32 所示；谷歌网站的地址为：http://www.google.com.hk，首页如图 10-33 所示。

图 10-32　百度首页　　　　　　　　　图 10-33　谷歌首页

10.3.1　搜索好看的图片

百度具有高准确率、高查询率的特点。为了更加准确地搜索信息资源，提高搜索的效率，百度提供了分类搜索的功能，例如搜索网页、图片、视频等。如果要搜索好看的图片，可以参照以下步骤进行操作：

步骤 1：打开百度首页，单击搜索框上方的"图片"超链接，如图 10-34 所示。

步骤 2：进入百度图片搜索页面，在搜索框中输入图片的关键字，如"九寨沟"，然后单击 百度一下 按钮或按回车键确认，如图 10-35 所示。

图 10-34　单击"图片"超链接　　　　　图 10-35　输入图片的关键字

步骤 3：执行搜索以后，网页中将显示搜索到的相关图片，如图 10-36 所示。

步骤 4：单击要查看的图片，可在打开的网页看到较大的图片，如图 10-37 所示。

图 10-36 搜索到的相关图片

图 10-37 查看图片

重点提示 百度首页中有很多分类，如新闻、网页、贴吧、图片、MP3、视频等。单击不同的分类链接，搜索框下方出现的选项也不相同，选择不同的选项，将限制搜索结果的显示。

前面介绍了使用百度搜索图片，其实使用 Google 搜索图片的方法与百度基本相同，具体操作步骤如下：

步骤 1：打开 Google 首页，单击页面左上角的"图片"超链接，如图 10-38 所示。

步骤 2：在搜索框中输入图片的关键字，如"九寨沟"，然后单击 搜索图片 按钮或按回车键确认，如图 10-39 所示。

图 10-38 单击"图片"超链接

图 10-39 输入图片的关键字

步骤 3：执行搜索以后，网页中将显示搜索到的相关图片，如图 10-40 所示。

步骤 4：单击要查看的图片，可以在打开的网页看到较大的图片，如图 10-41 所示。

图 10-40　搜索结果

图 10-41　查看图片

重点提示

无论是百度还是谷歌(Google)，首页中都有很多分类，如新闻、网页、图片、视频等。单击不同的分类链接，可以搜索相应的内容。两者的使用方法基本差不多，后面的内容均以百度为例进行介绍。

10.3.2　查询天气预报

百度搜索引擎不仅可以搜索网页、图片、新闻等信息，还可以搜索到贴近生活的信息，如天气预报。如果要查询某地区的天气情况，可以按如下步骤进行操作：

步骤 1：打开百度主页，在搜索框内输入关键字，例如"青岛天气"，然后单击 百度一下 按钮，如图 10-42 所示。

步骤 2：在出现的搜索结果中将显示最近三天的天气情况，如图 10-43 所示。

图 10-42　输入关键字

图 10-43　搜索结果

步骤 3：如果要查看更多的信息，可以单击网页链接，进入中国天气网，查看更多更详细的天气信息，如图 10-44 所示。

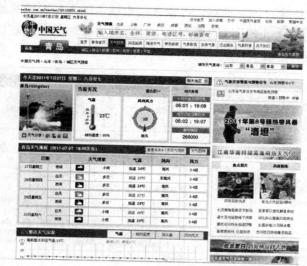

图 10-44　更详细的天气信息

10.3.3　搜索地图与乘车线路

百度搜索引擎提供的网络地图服务覆盖了全国近 400 个城市。在百度地图里，用户可以查询街道、商场、楼盘的地理位置，并且可以方便地查找驾乘路线。使用百度地图的操作步骤如下：

步骤 1：打开百度主页，在页面中单击"地图"超链接，如图 10-45 所示。

步骤 2：在打开的百度地图中单击"选择城市"超链接，可以打开城市列表，从中选择需要查询的城市，如图 10-46 所示。

图 10-45　单击"地图"超链接

图 10-46　单击"选择城市"超链接

步骤 3：在打开的电子地图中可以查找地点，并且可以对地图进行缩放，一直到街道这个级别，如图 10-47 所示。

步骤 4：如果要快速查询某地点，可以在搜索框中输入要查找的地点，如"中国海洋大学"，然后单击 百度一下 按钮，则相关的信息将显示在地图中，并且右侧出现列表，如图 10-48 所示。

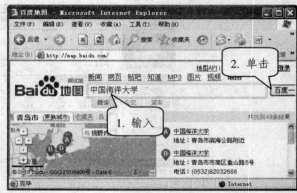

图 10-47　在电子地图中查找地点　　　　　　图 10-48　查询的相关信息

步骤 5：如果要查询驾乘路线，可以在搜索框的下方单击"公交"或"驾车"超链接，例如单击"驾车"超链接，如图 10-49 所示。

图 10-49　单击"驾车"超链接

步骤 6：在搜索框中输入出发地点与目的地点，然后单击 百度一下 按钮，就可以出现最佳行驶路线，如图 10-50 所示。

图 10-50　最佳行驶路线

重点提示　　使用百度地图，不仅可以查到指定的省、市、地区、街道，还可以查到学校、餐馆、银行等具体的单位，而且还可以查找公交线路、驾乘路线，甚至本地区的天气情况、打车费用等，十分方便。

10.3.4　查询列车时刻表

百度提供了更多的搜索功能，用户可以根据需要进行多种查询，例如飞机航班、火车车次、酒店查询、电视预告、股票信息等。这里介绍一下如何查询火车车次，具体操作步骤如下：

步骤 1：打开百度主页，在页面中单击搜索框下方的"更多"超链接，如图 10-51 所示。

步骤 2：在打开的分类列表中单击"常用搜索"超链接，如图 10-52 所示。

图 10-51　单击"更多"超链接

图 10-52　单击"常用搜索"超链接

步骤 3：在百度常用搜索页面中单击"火车车次"超链接，如图 10-53 所示。

步骤 4：页面跳转到下方的"火车车次"栏，在其中输入出发城市与到达城市，然后单击 查询 按钮，如图 10-54 所示。

图 10-53　单击"火车车次"超链接　　　　　　图 10-54　输入出发城市与到达城市

步骤 5：在打开的网页中即可查看指定线路的车次信息，如图 10-55 所示。

图 10-55　查看指定线路的车次信息

10.3.5　搜索旅游景区

现在的生活条件越来越好，很多人都喜欢外出旅游，如果事先在网上了解一下旅游景区以及旅游线路，那么外出旅游时就会做到心中有数。

　　要搜索旅游景区，可以通过两种方式达到目的。如果我们已经确定了旅游地点，那么可以通过百度直接进行搜索。例如，要去"九寨沟"旅游，直接搜索"九寨沟"就可以得到相关的信息。具体操作步骤如下：

　　步骤 1：打开百度主页，在搜索框中输入"九寨沟"，然后单击 百度一下 按钮。

　　步骤 2：这时在打开的页面中可以看到与"九寨沟"相关的各种信息，如图 10-56 所示。

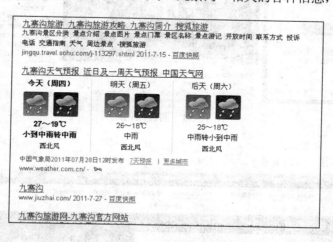

图 10-56　搜索到的信息

　　步骤 3：在搜索结果中单击需要查看的超链接，如单击"九寨沟旅游网"，可以打开指定的网站，从中可以看到相关的旅游信息，如图 10-57 所示。

图 10-57　打开的网站

　　如果没有确定旅游地点，可以通过一些服务性网站来选择旅游地点，当然也可以先通过百度搜索"景点介绍"，这样可以找到相关的网站。例如，同程网网站中有景点大全、景点点评、酒店预定等信息，如图 10-58 所示。类似的网站还有游鱼网，提供的旅游服务信息都大同小异，如图 10-59 所示。通过这类网站可以选择与确定旅游地点。

图 10-58　同程网网站

图 10-59　游鱼网网站

📖 10.4　下载网络资源

网络上的资源无穷无尽，合理地利用这些资源会使我们的生活变得更加方便、更加多彩。所以，下载网络资源是一项必备的上网技能，它可以帮助我们搜集各种生活、学习或工作资料。

10.4.1　使用 IE 下载资源

下载资源前，首先要找到提供资源下载的网页及其中的下载超链接，单击它就可以下载。使用 IE 直接下载网络资源的具体操作步骤如下：

步骤 1：打开包含下载内容的网页，在网页中单击要下载的超链接，如图 10-60 所示。

步骤 2：在弹出的【文件下载】对话框中单击 保存(S) 按钮，如图 10-61 所示。

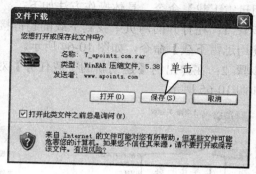

图 10-60　单击要下载的超链接

图 10-61　【文件下载】对话框

步骤 3：在弹出的【另存为】对话框中选择保存文件的位置，设置文件名和保存类型，如图 10-62 所示。

步骤 4：单击 保存(S) 按钮可以看到下载进度，这个过程需要等待，下载的快慢与文件大小、网速有关，如图 10-63 所示。

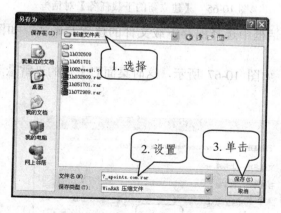

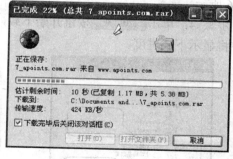

图 10-62　【另存为】对话框

图 10-63　下载进度

步骤 5：完成下载后，关闭对话框，这时可以在保存路径中看到下载的文件。

10.4.2　使用迅雷下载

使用 IE 浏览器下载容量较大的网络资源时往往速度比较慢，此时可选择使用"迅雷"下载软件，它是一款新型的基于 P2SP 的下载软件，可以大幅提高下载速度，并且完全免费。

使用迅雷下载网络资源可直接在下载地址上单击鼠标右键，在弹出的快捷菜单中选择【使用迅雷下载】命令，具体操作方法如下：

步骤 1：在打开的网页中找到下载的超链接，单击鼠标右键，在弹出的快捷菜单中选择【使用迅雷下载】命令，如图 10-64 所示。

步骤 2：在弹出的【建立新的下载任务】对话框中单击【存储路径】右侧的 浏览 按钮，如图 10-65 所示。

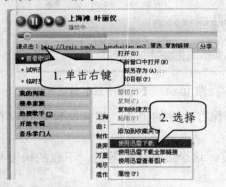

图 10-64　执行【使用迅雷下载】命令　　　　图 10-65　【建立新的下载任务】对话框

步骤 3：在弹出的【浏览文件夹】对话框中选择保存下载文件的位置并确认，如图 10-66 所示。

步骤 4：单击 立即下载 按钮开始下载，如图 10-67 所示，这时桌面右上角的迅雷悬浮窗中将显示下载进度。

图 10-66　选择保存下载文件的位置　　　　图 10-67　开始下载

另外，有的下载网站会专门提供使用迅雷下载的超链接，如图 10-68 所示，这时只要单击该超链接，就会启动迅雷并添加到下载列表中，开始下载，如图 10-69 所示。

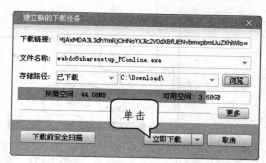

图 10-68   使用迅雷下载的超链接   图 10-69   开始下载

重点提示

启动迅雷以后，桌面的右上角会出现一个悬浮窗小图标，当下载资源时，这里会显示下载进度。双击该悬浮窗图标，可以打开迅雷程序的主界面，在其中可以进行下载、暂停、删除等操作。

10.4.3   使用电驴下载

电驴(eMule)是一种点对点(P2P)文件共享客户端软件，用户把自己的计算机连接到电驴服务器上，而服务器则收集其他用户的共享文件信息，并为用户提供 P2P 下载方式，所以电驴既是客户端，也是服务器。

1. 在资源下载页面中下载

通过 VeryCD 网站搜索到的资源往往都提供了一个详细的资源下载页面，在这里可以按如下步骤进行操作：

步骤 1：进入详细的资源下载页面后，有一个电驴资源列表框，如图 10-70 所示。

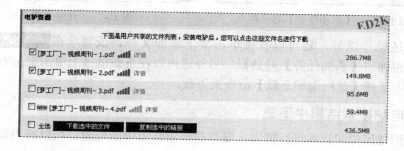

图 10-70   电驴资源列表框

步骤 2：选择要下载的文件，然后单击 下载选中的文件 按钮，如图 10-71 所示。

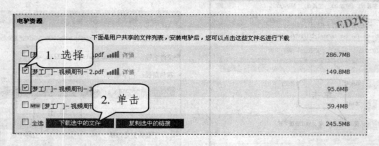

图 10-71　下载选中的文件

步骤 3：在弹出的【添加任务】对话框中显示了要添加的下载任务，如图 10-72 所示。

步骤 4：单击 确定 按钮，则下载资源被添加到下载列表中，同时开始下载，如图 10-73 所示。

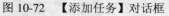

图 10-72　【添加任务】对话框

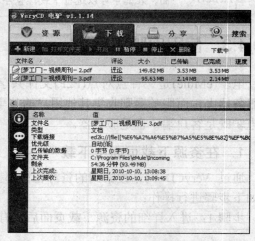

图 10-73　开始下载文件

除了上述操作以外，还可以直接单击要下载的文件，或者单击 复制选中的链接 按钮，这时也将弹出【添加任务】对话框。另外还可以在下载链接上单击鼠标右键，在弹出的快捷菜单中选择【使用电驴下载】命令来下载。

2．在电驴搜索结果中下载

如果我们使用电驴软件进行搜索，要下载搜索结果中的资源，可以按照如下步骤进行操作：

步骤1：在搜索结果列表中选择要下载的资源。

步骤2：单击左下角的 下载所选文件 按钮，如图10-74所示，这时将弹出【添加任务】对话框，确认后即可下载。

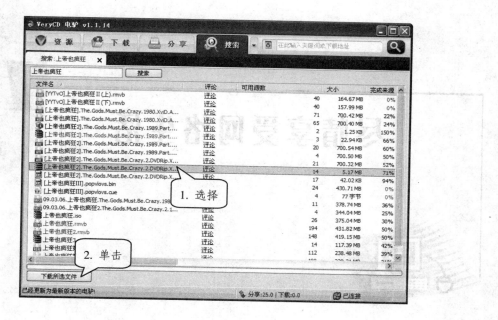

图10-74　下载选择的资源

另外，在搜索结果列表中双击要下载的资源，或者单击鼠标右键，在弹出的快捷菜单中选择【下载】命令，也可以下载所选的资源。

尽情享受网络生活

本 章 要 点

- 收发电子邮件
- 使用 QQ 与亲友聊天
- 上网写博客
- 网络生活丰富多彩

互联网的发展为现实生活带来了巨大的冲击，改变了人们的生活方式，网络新生活已经降临，并且成为了工作、生活的一部分。网络生活可谓丰富多彩，通过网络可以视频聊天、收/发电子邮件、上网写博客、看书、读报、求职等等，几乎无所不能。只需鼠标轻轻一点，就可尽情享受网络带来的新奇与享受。

11.1 收发电子邮件

电子邮件是通过网络实现的一种信息交流手段，多用于商务、办公、业务交流等方面，在家庭应用中并不多见，因为即时通讯工具(如手机、QQ 等)已经非常普及。但是，如果亲戚朋友的家中也购置了电脑，体验一下电子邮件的魅力也未尝不可，毕竟这是一项非常重要的网络功能。

11.1.1 申请免费电子邮箱

要使用电子邮件必须拥有一个电子邮箱，即要先申请免费电子邮箱，用户可以向 Internet 服务提供商提出申请。

电子邮箱实际上是在邮件服务器上为用户分配的一块存储空间，每个电子邮箱对应着一个邮箱地址(或称为邮件地址)，其格式如下：

用户名@域名

其中，用户名是用户申请电子邮箱时与 ISP 协商的一个字母与数字的组合；域名是 ISP 的邮件服务器；字符 "@" 是一个固定符号，发音为英文单词 "at"。

例如：orange@sina.com 就是一个电子邮件地址。其中@前面是邮箱帐户名称，后面是 ISP 的邮件服务器。下面，以申请新浪邮箱为例，介绍申请免费电子邮箱的方法。

步骤 1：启动 IE 并在地址栏中输入 http://mail.sina.com.cn，按下回车键，进入新浪邮箱网页，单击其中的 "注册免费邮箱" 按钮，如图 11-1 所示。

步骤 2：进入申请新浪邮箱的页面，这里提供了向导提示，第一步需要输入邮箱名称和验证码，然后单击 下一步 按钮，如图 11-2 所示。

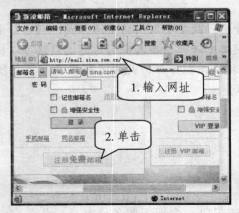

图 11-1　进入新浪邮箱网页　　　　　　　图 11-2　输入邮箱名称和验证码

　　步骤 3：进入向导提示第二步，设置详细信息，用户自行填写，然后单击 提交 按
钮，如图 11-3 所示(注：左图为网页的上半部分，右图为网页的下半部分)。

图 11-3　设置详细信息

　　步骤 4：创建成功则自动进入邮箱，否则需要返回重新填写信息。

11.1.2　登录邮箱

　　要收发电子邮件时必须先登录邮箱。一般情况下，通过网站的主页就可以直接登录邮
箱，如图 11-4 所示，登录时只需要输入邮箱名称和密码。另外，在邮箱的主页面中也可
以直接登录邮箱，如图 11-5 所示。

图 11-4　通过网站的主页登录邮箱

图 11-5　在邮箱的主页面中登录邮箱

11.1.3　编写并发送邮件

进入邮箱以后，我们就可以编写并发送邮件了，具体操作方法如下：

步骤 1：单击 写信 按钮，如图 11-6 所示。

步骤 2：进入写信页面以后，在【收件人】文本框中输入对方的电子邮箱地址；在【主题】文本框中输入邮件内容的简短概括，方便收件人查阅，如图 11-7 所示。

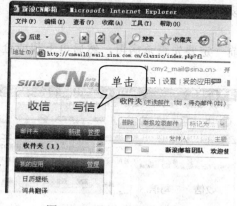

图 11-6　单击"写信"按钮

图 11-7　输入对方的邮址及邮件主题

步骤 3：在邮件编辑区中输入邮件的正文内容，利用【格式】工具栏可以格式化文本，如图 11-8 所示。

步骤 4：编辑完信件以后，单击 发送 按钮即可发送邮件，如图 11-9 所示。

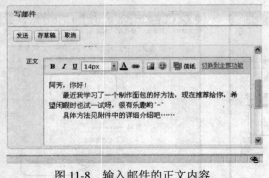
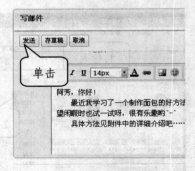

图 11-8　输入邮件的正文内容　　　　　　图 11-9　发送邮件

重点提示　　如果要把同一封电子邮件发送给多个人，则在【收件人】邮址的上方单击"添加抄送"超链接，这时出现【抄送】文本框，在该文本框中输入抄送人的邮址即可，抄送多人的话，邮址之间用逗号"，"分隔。

11.1.4　查看和回复新邮件

当进入邮箱后，在邮箱的左侧可以看到未读邮件的数量，单击"收件夹"超链接，可以查看新邮件，新邮件以粗体显示，以区别于已经阅读过的邮件。

阅读邮件前，要分清楚哪些是正常邮件，哪些是垃圾邮件，对于自己不熟悉的邮件，不要轻易打开，因为它极有可能是病毒。要阅读新邮件，单击邮件的主题链接即可，如图 11-10 所示。

如果邮件中含有附件，在打开或下载附件前一定要先查杀病毒，然后再下载或查看，如图 11-11 所示。

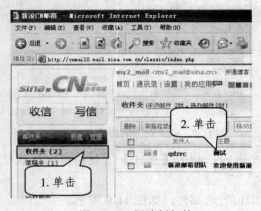
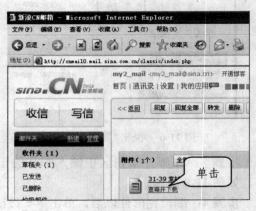

图 11-10　阅读新邮件　　　　　　图 11-11　下载附件前要先查毒

　　阅读邮件后，如果需要回复邮件，可以单击 回复 按钮，如图 11-12 所示。这时只需要输入邮件内容即可，而无需输入收件人的名称和电子邮件地址，最后单击 发送 按钮，即可完成邮件的回复，如图 11-13 所示。

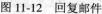

图 11-12　回复邮件

图 11-13　发送邮件

11.1.5　向邮件中添加附件

　　写邮件时，可以添加附件，但是附件的大小不能超过邮箱对附件大小的要求。如果添加的附件较大，可以先将它们压缩，以减小附件大小，并缩短收发邮件的时间。添加附件的具体操作方法如下：

　　步骤 1：按照前面的方法撰写邮件，分别写好收件人地址、主题、邮件正文等，然后单击 添加附件 按钮，如图 11-14 所示。

　　步骤 2：在弹出的【选择文件】对话框中选择要添加的文件，单击 打开(O) 按钮即可将该文件添加为附件，如图 11-15 所示。

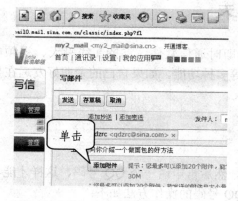

图 11-14　添加附件

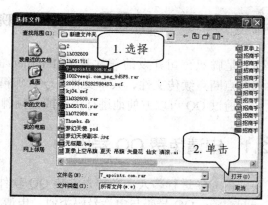

图 11-15　选择要添加的文件

步骤 3：用同样的方法，可以添加其他附件。如果要删除已添加的附件，可以单击附件名称右侧的 ✖删除 按钮将其删除。

步骤 4：单击 发送 按钮，则附件将与邮件正文一起发送到对方的邮箱中。

11.1.6　删除邮件

邮箱的容量是有限的，当旧邮件过多时，新的邮件可能就收不进来了，因此，需要及时清理邮箱，将没用的邮件删除。删除邮件的操作方法如下：

步骤 1：进入收件夹中，在邮件列表中选择要删除的邮件，单击 删除 按钮，如图 11-16 所示。

步骤 2：被删除的邮件移动到了"已删除"邮件夹中，如果要彻底删除邮件，可以在"已删除"邮件夹中选择邮件，然后单击 彻底删除 按钮，如图 11-17 所示。

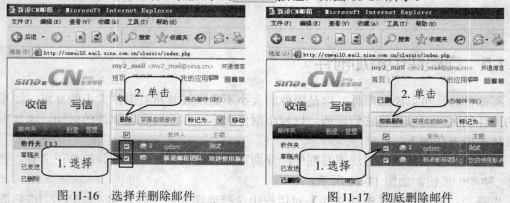

图 11-16　选择并删除邮件　　　　　　图 11-17　彻底删除邮件

📖 11.2　使用 QQ 与亲友聊天

QQ 是腾讯公司开发的一款基于 Internet 的即时通信软件，支持在线聊天、视频电话、点对点断点续传文件、共享文件、QQ 邮箱等多种功能。如果自己的亲朋好友远在异国他乡，通过 QQ 可以方便地进行语音或视频聊天。

11.2.1　申请免费 QQ 号码

要使用 QQ 进行聊天，必须先安装 QQ 软件，然后再申请一个 QQ 号码，这样才能与朋友一起交流，QQ 号码与电话号码类似。申请 QQ 号码的操作方法如下：

步骤1：双击桌面上的 QQ 图标，打开 QQ 的登录窗口，然后单击"注册帐号"超链接，如图 11-18 所示。

步骤2：打开"申请 QQ 帐号"网页，在【网页免费申请】选项组中单击 立即申请 按钮，如图 11-19 所示。

图 11-18　注册帐号

图 11-19　申请免费帐号

步骤3：在打开的想要申请哪一类帐号页面中，单击"QQ 号码"按钮，如图 11-20 所示。

步骤4：在填写基本信息页面中输入昵称、密码、所在地区、验证码等内容，然后单击 确定 并同意以下条款 按钮，这样就可以申请一个 QQ 号码了，如图 11-21 所示。

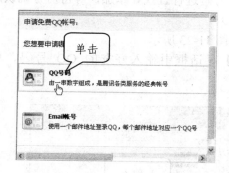

图 11-20　单击"QQ 号码"按钮

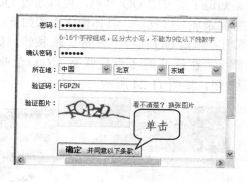

图 11-21　输入信息

如果输入的信息符合要求，就可以成功申请一个 QQ 号码，并出现申请成功页面，如果要对这个 QQ 号码进行密码保护，则单击 立即获取保护 按钮，进入 QQ 安全中心，设置密码保护；如果不需要进行密码保护，直接关闭网页并登录即可。

11.2.2　登录 QQ

登录 QQ 以后，就可以与好友聊天了。登录 QQ 的方法为：双击桌面上的 QQ 图标，在登录窗口中输入 QQ 号码和密码，单击 安全登录 按钮即可，如图 11-22 所示。

图 11-22　登录 QQ

11.2.3　查找与添加好友

查找与添加好友分两种情况：一是知道对方的 QQ 号码，可以通过 QQ 号码添加；二是在网络上随意查找并添加好友。

1. 通过 QQ 号码添加好友

如果知道了朋友的 QQ 号码，可以通过 QQ 号码进行查找并添加，等待对方确认后，就可以将其添加为好友了。具体操作步骤如下：

步骤 1：单击 QQ 面板下方的 查找 按钮，如图 11-23 所示。

步骤 2：在打开的【查找联系人/群/企业】对话框中输入好友的 QQ 号码，单击 查找 按钮，如图 11-24 所示。

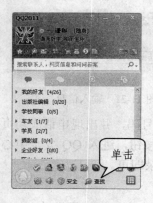

图 11-23　单击"查找"按钮　　　　　图 11-24　输入好友的 QQ 号码

步骤 3：在对话框中选中查找到的好友，然后单击 添加好友 按钮，如图 11-25 所示。

步骤 4：在弹出的【添加好友】对话框中输入验证信息，让对方知道自己的身份，然后单击 确定 按钮，如图 11-26 所示。

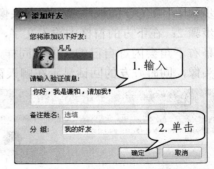

<table>
<tr><td>图 11-25　添加好友</td><td>图 11-26　输入验证信息</td></tr>
</table>

添加好友以后，如果对方在线，任务栏右下角处将显示一个闪烁的小喇叭图标，提示有验证消息。通过了对方的验证后，就成功地添加了好友。

2．随意查找并添加好友

如果要添加一些不认识的人为好友，可以通过模糊查找来完成，具体操作如下：

步骤 1：参照前面的步骤，打开【查找联系人/群/企业】对话框，在【查找联系人】选项卡中选择【按条件查找】选项，在下方的条件栏中设置需要查找的相关条件，然后单击 查找 按钮，如图 11-27 所示。

步骤 2：在搜索结果中选择一位网友，然后单击其右侧的"加为好友"文字链接，在弹出的【添加好友】对话框中输入发送给对方的验证信息即可，如图 11-28 所示。

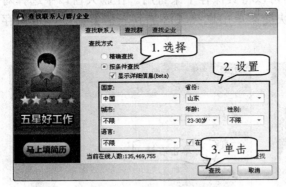

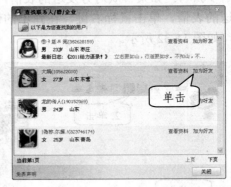

<table>
<tr><td>图 11-27　设置需要查找的条件</td><td>图 11-28　选择要添加的网友</td></tr>
</table>

11.2.4　使用 QQ 聊天

添加了好友后，就可以进行 QQ 聊天了。如果好友在线，其头像是彩色的；如果好友不在线或隐身，则头像是灰色的。QQ 聊天的具体操作步骤如下：

步骤 1：在 QQ 面板中双击好友头像，打开聊天窗口，如图 11-29 所示。

步骤 2：在下方的窗格中输入文字，单击 发送(S) 按钮(或按下 Ctrl+回车键)，这时对方的屏幕右下角会闪烁自己的头像。同样，如果好友回话了，自己的屏幕右下角也会闪烁好友的头像，同时好友的回话显示在聊天窗口上方的窗格中，如图 11-30 所示。

图 11-29 聊天窗口

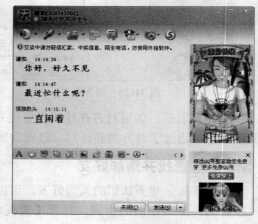

图 11-30 开始聊天

步骤 3：进行 QQ 聊天时，可以发送 QQ 表情来表达自己的喜怒哀乐，单击 😊 按钮，在打开的选项板中选择要发送的表情，单击 发送(S) 按钮即可，如图 11-31 所示。

步骤 4：如果喜欢对方发送的表情，可以将其保存下来备用。在聊天窗口中选择对方发送的表情，单击鼠标右键，在弹出的快捷菜单中选择【添加到表情】命令即可保存下来，如图 11-32 所示。

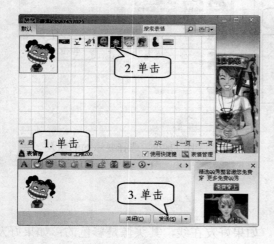

图 11-31 发送表情

图 11-32 保存表情

11.2.5　语音聊天

语音聊天既能省去打字慢的烦恼，又能听见对方亲切的声音。具体操作方法如下：

步骤 1：将耳麦插入电脑。

步骤 2：在 QQ 面板中双击要聊天的好友头像，打开聊天窗口，单击聊天窗口上方的 按钮，向对方发送语音聊天的请求，如图 11-33 所示。

步骤 3：此时对方 QQ 上将收到语音聊天请求，如果对方同意语音聊天，单击 接受 按钮，如图 11-34 所示，这时就可以语音聊天了。

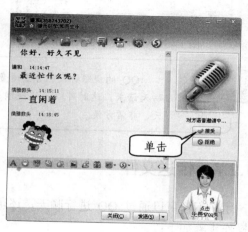

图 11-33　发送语音聊天的请求　　　　图 11-34　接受语音聊天

11.2.6　视频聊天

除了可以语音聊天，我们还可以进行视频聊天，只要双方都有摄像头和耳麦，就可以视频聊天，具体操作方法如下：

步骤 1：在电脑中安装摄像头，并插入耳麦。

步骤 2：在 QQ 面板中双击要聊天的好友头像，打开聊天窗口，单击聊天窗口上方的 按钮，向对方发送视频聊天的请求，如图 11-35 所示。

步骤 3：如果对方同意视频聊天，单击 接受 按钮，如图 11-36 所示，这时就可以视频聊天了，视频聊天的同时也可以语音聊天或文字输入聊天。

图 11-35　发送视频聊天的请求　　　　　　图 11-36　接受视频聊天

重点提示　　　　QQ 的视频聊天包含了语音聊天功能，所以在视频聊天时不必另发语音聊天请求，这时可以一边视频一边语音聊天，而且也可以同时进行文字聊天，非常方便。

11.2.7　传送文件

用户不仅可以通过 QQ 进行聊天，还可以给好友传送文件或接收好友传送的文件，具体操作步骤如下：

步骤 1：在聊天窗口上方单击 按钮，如图 11-37 所示。

步骤 2：在弹出的【打开】对话框中选择要传送的文件，然后单击 打开(O) 按钮，如图 11-38 所示。

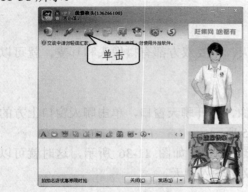

图 11-37　传送文件　　　　　　　　　图 11-38　选择要传送的文件

步骤3：这时系统将向对方发送文件接收请求，等待对方接收，如图11-39所示。

步骤4：对方接受请求后，用户会在聊天窗口中看见文件传送的进度，如图11-40所示，这时只需耐心等待即可。

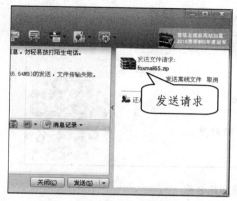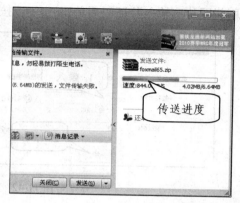

图11-39　发送文件接收的请求　　　　　图11-40　文件传送的进度

11.3　上网写博客

博客是什么？通俗地说，就是在网上写日记的人。传统方式的写日记、写文章通常需要一个日记本，而在网络上则不需要，只需注册一下即可。目前很多网络公司都推出了自己的博客空间，甚至还出现了专业的博客网站。

11.3.1　开通自己的博客

下面以开通新浪博客为例介绍开通博客的方法，具体操作方法如下：

步骤1：启动IE浏览器，在地址栏中输入 http://blog.sina.com.cn 并回车，进入新浪博客首页，在页面中单击 开通新博客 按钮，如图11-41所示。

图11-41　进入新浪博客首页

步骤 2：打开注册新浪会员页面，可以看到开通博客需要三步完成。

第一步是选择邮箱名称，在该页面中填写邮箱名称，如果该邮箱可用，则在右侧出现"对勾"，然后在下方填写验证码。如果验证码看不清楚，可以单击右侧的"看不清"超链接刷新图片；输入验证码后单击 下一步 按钮，如图 11-42 所示。

图 11-42 选择邮箱名称

第二步是填写会员信息，这里需要详细填写登录密码、昵称、密码查询答案以及验证码等信息，填写完成后单击 提交 按钮，提交注册信息，如图 11-43 所示。

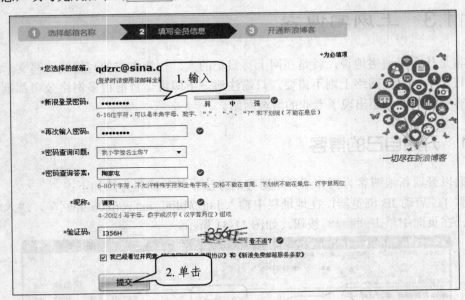

图 11-43 填写会员信息

第三步是开通新浪博客，该页面中出现"恭喜！您已成为新浪会员"的提示，并要求完善博客信息，填写完成后单击 完成开通 按钮，如图 11-44 所示。

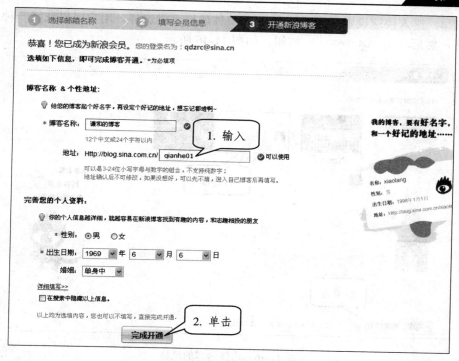

图 11-44　完善博客信息

步骤 3：完成开通以后，将出现"恭喜您，已成功开通新浪博客"页面，此时单击 快速设置我的博客 按钮，可以快速设置博客的风格，如图 11-45 所示。

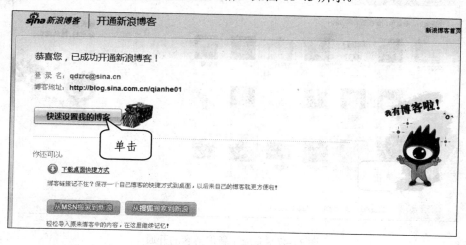

图 11-45　开通新浪博客

步骤 4：进入快速设置页面后，有 4 种整体风格可供选择，用户可以选择一种自己喜爱的风格，然后单击 确定，并继续下一步 按钮，如图 11-46 所示。

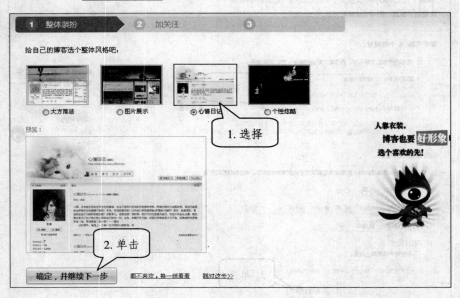

图 11-46 选择博客的风格

步骤 5：单击 完成 按钮，如图 11-47 所示，这样就完成了新浪博客的开通。

图 11-47 完成了新浪博客的开通

11.3.2　登录博客

开通了博客以后，我们还需要对博客进行管理，经常为博客添加内容，这样才会使博客空间更加丰富，更有吸引力。而要管理与更新博客，都需要先登录博客，具体操作步骤如下：

步骤 1：登录新浪首页，输入注册的登录名和密码，注意这里的登录名必须是完整的邮箱地址，如图 11-48 所示。

步骤 2：单击登录类型按钮右侧的小三角，在打开的下拉列表中选择【博客】选项，如图 11-49 所示。

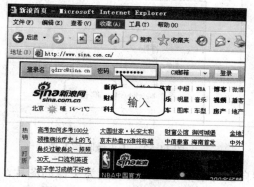

图 11-48　输入注册的登录名和密码

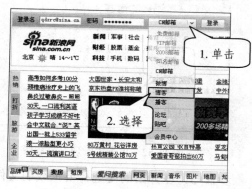

图 11-49　选择【博客】选项

步骤 3：在打开的新浪博客首页中将出现登录后的信息，单击"我的博客"超链接，如图 11-50 所示。

步骤 4：在打开的页面中即可显示自己的博客首页，如图 11-51 所示。

图 11-50　单击"我的博客"超链接

图 11-51　自己的博客首页

11.3.3 修改个人资料

每一个博客空间都有一个标识性的个人头像，为了让自己的博客空间更具有个性，可以自定义设置个人头像，具体操作步骤如下：

步骤 1：登录自己的博客空间，在博客首页单击"个人资料"右侧的"管理"超链接，如图 11-52 所示。

步骤 2：在打开的修改个人资料页面中切换到【头像昵称】选项卡，单击【头像】文本框右侧的 浏览... 按钮，如图 11-53 所示。

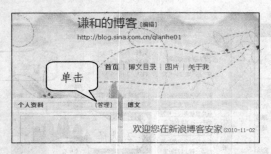

图 11-52 单击"管理"超链接　　　　　　　　图 11-53 【头像昵称】选项卡

步骤 3：在弹出的【选择要上载的文件自】对话框中选择要设置为头像的图片，然后单击 打开(O) 按钮，如图 11-54 所示。

步骤 4：文件上传以后返回到页面中，如果图片比较大，可以通过调节框进行裁切，然后单击 保存 按钮，如图 11-55 所示。

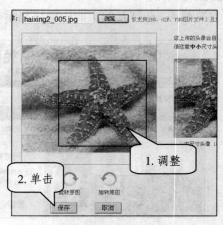

图 11-54 选择要设置为头像的图片　　　　　　图 11-55 上传的图片

步骤 5：在弹出的提示框中将显示修改成功的信息，这时单击 确定 按钮即可，如图 11-56 所示。

步骤 6：返回博客首页，按下 F5 键刷新页面，然后在"个人资料"栏中即可看到更新后的头像，如图 11-57 所示。

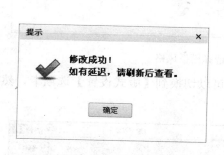

图 11-56　修改成功的信息

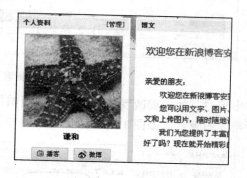

图 11-57　更新后的头像

11.3.4　更改模板风格

新浪博客为用户提供了非常丰富的设置选项，可以选择版式、定义风格、选择组件等来装扮博客空间。具体操作方法如下：

步骤 1：进入博客之后，在博客首页的右上角单击 页面设置 按钮，如图 11-58 所示。

图 11-58　单击【页面设置】按钮

步骤 2：在打开的页面中提供了五个选项卡，在【风格设置】选项卡中又提供了若干风格模板，分为【人文】、【娱乐】、【青春】等分类，这里单击【青春】分类，再单击"童年记忆"模板，如图 11-59 所示，则博客空间自动应用了该模板风格。

图 11-59　为博客空间选择模板风格

步骤 3：如果要改变博客空间的版面结构，可以切换到【版式设置】选项卡，然后选择所需要的版式，如图 11-60 所示。

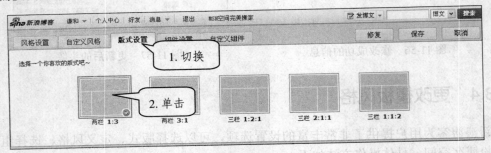

图 11-60　选择博客空间的版面结构

步骤 4：如果要在博客空间中添加组件，可以切换到【组件设置】选项卡，然后在左侧选择组件类型，在右侧勾选需要的组件即可，如图 11-61 所示。

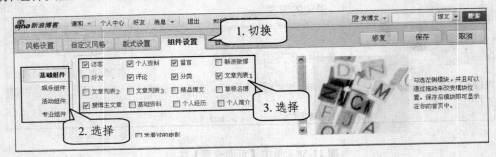

图 11-61　选择组件

步骤 5：在页面的右上角单击 保存 按钮退出，即可在博客首页中看见设置后的效果。

11.3.5　撰写博客文章

　　用户设置好博客空间以后，就可以在博客中撰写并发表博文了，所有进入该博客的其他用户均可看见博客中的博文。在新浪博客中发表博文的具体操作步骤如下：

　　步骤 1：在博客首页的右上角单击 发博文 按钮，如图 11-62 所示。

图 11-62　单击【发博文】按钮

　　步骤 2：在打开的页面中输入博文标题以及内容，然后拖动右侧的滑块至页面下方，在下方的【标签】文本框中输入标签或单击右侧的 自动匹配标签 按钮，再选择博文的分类，最后单击 发博文 按钮，如图 11-63 所示。

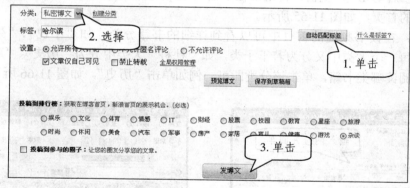

图 11-63　选择博文的分类

　　步骤 3：当发布成功后，会出现一个提示框，提示博文已发布成功，这时单击 确定 按钮即可，如图 11-64 所示。

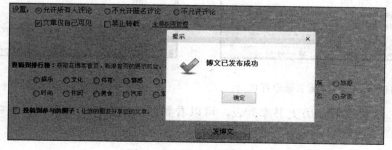

图 11-64　博文已发布成功

步骤 4：在弹出的页面中，用户可以看见刚才发布的博文。

📖 11.4 网络生活丰富多彩

只要掌握了一些上网技术，就可以体验丰富多彩的网络生活，如网上读书、看报、看杂志、求职等，这给人们的生活带来了极大的方便与乐趣。

11.4.1 网上读书

在网上读书分为两种情况：一种是免费的；一种是付费的。两者最大的区别是付费的用户可以得到更全面的服务。下面以腾讯网为例介绍网上免费读书的操作方法。

步骤 1：启动 IE 浏览器，在地址栏中输入 http://book.qq.com 并回车，即可打开腾讯网读书频道的首页，如图 11-65 所示。

步骤 2：在读书频道的首页中可以看到详细的书籍分类，如"小说"、"生活"、"社科"等，在每一个大类中又分为若干子类，如"社科"大类中分为"历史"、"政治"、"军事"等。要阅读哪类书籍，单击该分类即可，例如单击"历史"，如图 11-66 所示。

图 11-65　腾讯网读书频道首页

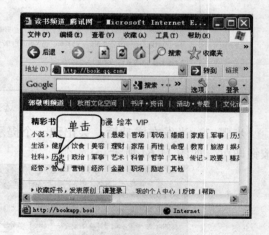

图 11-66　选择阅读类型

步骤 3：这时将打开历史书库列表，可以看到图书封面与内容简介，从中选择要阅读的书籍即可，例如选择《东汉开国》，如图 11-67 所示。

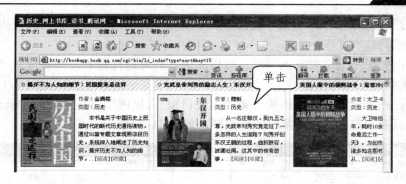

图 11-67　选择阅读书籍

步骤 4：这时将打开该书的阅读目录页面，要阅读哪一章节，直接单击它即可，如图 11-68 所示。

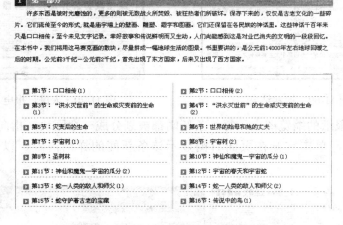

图 11-68　《东汉开国》的目录(局部)

重点提示

很多门户类的网站都提供了读书频道，例如新浪、163、搜狐等，另外也有一些专门的读书网站，例如中华读书网。这些网站的在线阅读的方法基本一样，只是网站风格与图书内容略有不同。

11.4.2　网上看报纸

目前，各大报社基本都建立了自己的网站，用户不需要订阅报纸，就可以通过网络阅读报刊，只是有的报纸在时间上可能会滞后一些。下面以网上阅读《人民日报》为例，介绍网上看报纸的基本操作。

步骤 1：如果不知道报刊的网址，可以先进入百度进行搜索，例如搜索"人民日报电子版"，结果如图 11-69 所示。

步骤 2：在搜索结果中单击第一条"人民日报-人民网"，即可进入人民日报电子版的页面，整个页面的左侧呈现了报纸的缩览图，如图 11-70 所示。

图 11-69　搜索结果　　　　　　　　图 11-70　人民日报电子版

步骤 3：在报纸的缩览图上，每一条新闻都被划分成一个区块，指向它的时候将显示一个红色的线框，单击它则在页面右侧显示该条新闻的详细内容，以便于阅读，如图 11-71 所示。

图 11-71　阅读报纸内容

步骤 4：一份报纸分为若干版面，如果要阅读下一个版面的话，则在报纸的缩览图下方单击 下一版 ▸ 按钮即可，如图 11-72 所示。

步骤 5：进入下一版面后，可以参照前面的方法继续阅读，如图 11-73 所示为第二版的缩览图。

图 11-72　单击下一版按钮

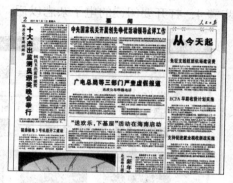

图 11-73　第二版缩览图

11.4.3　网上看杂志

在网上除了可以读书看报外，还可以阅读时尚的电子杂志，提供电子杂志服务的网站很多，例如 ZCOM 电子杂志、瑞丽电子杂志、POCO 电子杂志、芝麻网等都提供在线阅读服务。下面以芝麻网为例介绍如何阅读电子杂志。

步骤 1：启动 IE 浏览器，在地址栏中输入 http://www.zinmax.cn 并回车，进入芝麻网的首页，如图 11-74 所示。

步骤 2：在页面右侧的导航中可以选择要阅读的杂志类型，如"时尚"、"娱乐"、"资讯"等，这里单击"时尚"类型，如图 11-75 所示。

图 11-74　芝麻网的首页

图 11-75　单击"时尚"类型

步骤 3：在打开的页面中会显示所有的时尚杂志列表，要看哪一本单击它即可，如图 11-76 所示。

步骤 4：打开要阅读的电子杂志以后，可以通过导航按钮进行翻页阅读。

图 11-76　时尚杂志列表

11.4.4　网上求职

在互联网(Internet)上通过计算机求职已经成为人才应聘求职的主要手段之一。公司或企业通过互联网发布招聘信息，节省了人力与时间，而对于应聘者也可以足不出户就可以实现自我推荐。目前，人才招聘网站非常多，既有面向全国的，如前程无忧、智联招聘等，也有地方的人才网，如西安市人才网。

作为求职者，首先应该明确自己想要申请的职位、工作地点，然后再有目的地选择人才网，登录后查询所需要的招聘信息。另外，一定要选择正规的人才招聘网站，防止被欺骗。下面以"西安市人才网"为例，介绍网上求职的方法。

步骤 1：启动 IE 浏览器，在地址栏中输入网址 http://www.xasrc.com 并回车，进入西安市人才网的首页，如图 11-77 所示。

步骤 2：在首页的上方有"个人服务"、"单位服务"和"公共服务"三类导航，可以根据需要进行选择。另外，在网页的下方，显示了最新的热点招聘信息，可以直接浏览，如图 11-78 所示。

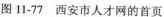

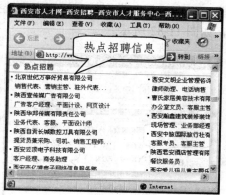

图 11-77　西安市人才网的首页　　　　　图 11-78　最新热点招聘信息

　　登录人才信息网以后，面对大量的招聘信息，我们会无所适从，不知道哪一条是我们需要的；这时可以通过搜索的方式进行筛选，找到自己需要的岗位信息。这里仍然以"西安市人才网"为例介绍搜索求职信息的方法。

　　步骤 1：在西安市人才网的首页上有一个快速搜索通道，可以直接进行搜索，如图 11-79 所示。

　　步骤 2：在"地区"下拉列表框中选择单位所在的地区，然后在"时间"下拉列表中选择招聘信息的发布日期，如图 11-80 所示。

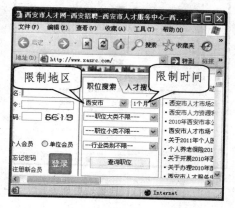

图 11-79　快速搜索通道　　　　　　图 11-80　限制地区与日期

　　步骤 3：在"职位大类"下拉列表中选择大类别，如"计算机软件"、"计算机硬件"、"通讯技术"等，这里选择"互联网开发及应用"大类；用同样的方法，在"职位小类"下拉列表中选择"网页设计/制作/美工"小类，如图 11-81 所示。

步骤 4：在"行业类别"下拉列表中选择所属的行业，如果不限行业，可以搜索更多的内容，如图 11-82 所示。

图 11-81　选择职位类别　　　　　　　　图 11-82　选择行业

步骤 5：最后单击 [查询职位] 按钮，将出现职位搜索列表，列出所有的搜索结果，如图 11-83 所示。

步骤 6：单击感兴趣的公司，即可查看该公司的简况及招聘信息，如图 11-84 所示。

图 11-83　搜索结果列表　　　　　　　　图 11-84　招聘单位信息

重点提示

现在各地都有本地的人才信息网站，如果不知道具体的网址，可以通过百度进行搜索，假设不知道"西安市人才网"的网址，可以直接在百度中搜索"西安市人才网"。

家庭电脑的安全与维护

本 章 要 点

- 电脑的日常维护
- 查杀电脑病毒
- 排除电脑故障

电脑属于精密的高科技电子产品，对于普通的家庭而言，总是倍感神奇与娇贵，不敢盲目操作，这是很不可取的。但是，不管不顾的非法操作更不可取，这样可能会使电脑产生故障。只有适宜的环境、良好的习惯、正确的操作才能够让电脑发挥出最大效率。所以我们一定要了解电脑的日常维护常识以及电脑安全方面知识，以便让电脑健康稳定地运行。

📖 12.1 电脑的日常维护

一台电脑的寿命是有限的，如果能够正确地使用与维护，电脑的寿命就会延长，并且一直处于良好的工作状态，发挥出最大工作效率。

12.1.1 适宜的环境

要使电脑工作状态正常，并且能够延长使用寿命，必须将电脑安放在一个适宜的环境中，特别是温度、湿度、通风等条件要适合。

1．合适的温度

电脑工作的最佳温度是 5℃～30℃，并且要保持良好的通风。由于电脑在工作时会散发很大的热量，如果室温过高，散热就会受到影响，当不能有效地散热时，往往会出现"死机"现象，甚至出现更严重的情况，如烧毁电脑元件、缩短使用寿命等。如果温度过低，可能会造成电脑机箱内各板卡接触不良，或者开机后局部温度上升过快而影响板卡的使用寿命。

一般情况下，家庭的室温都不会低于 5℃，但是可能会超过 30℃，这时如果电脑的运行受到影响，可以打开机箱盖，或者在旁边放一个小电风扇，这都是切实可用的加快散热速度的方法。

2．理想的湿度

电脑工作的理想湿度是相对湿度 30%～70%。对于家庭来说，湿度的问题我们没有办法控制，但是可以从另外的角度去保护电脑。

空气湿度较大的地区，电脑的电路板容易"返潮"，容易生锈，解决办法就是定期开机，利用电脑自身的热量驱散潮湿，最大限度地降低潮湿对电脑板卡的影响。

空气相对干燥的地区，容易产生静电，它的危害是直接引发电路故障，烧毁电脑板卡，特别是在拆装电脑时，用手接触板卡最容易发生故障。笔者曾因静电烧毁一个硬盘，所以，先用手触摸接地的导体释放静电后，再接触电脑配件。

3．防止灰尘

电脑运行时会产生静电，而静电吸附灰尘，时间久了电脑中的灰尘就会越积越多，它会造成电脑板卡接触不良或运行不稳定，甚至影响使用寿命，所以，灰尘是电脑最大的克星。另外，一些电脑部件如键盘、鼠标、显示器等会因为灰尘而影响使用寿命。

如果您足够爱护电脑，要注意以下几个方面：一是不要在电脑前吸烟、吃零食，使用电脑时要保持手的清洁；二是定期清理机箱内、键盘上的灰尘。

4．防止磁场干扰

家庭中使用电脑时，应该与其他电器保持合理的距离，防止磁场干扰，因为磁场对电脑的很多部件都会产生影响，比如显示器出现异常抖动或偏色等。所以，电脑的附近不要有较强的磁场，电脑与电视、冰箱等其他家电的距离要稍远一些。

5．防止强光照射

电脑中有很多部分使用了塑料，长时间的强光照射会导致其变色、变硬，破坏原来的光泽度，影响美观，使产品过早老化。另外，强光会影响屏幕的图像显示，对使用者的视力也会有一定程度的损坏。

12.1.2 良好的习惯

良好的使用习惯对用户有益，对电脑也有益，它不仅使我们工作轻松愉快，也让我们的电脑运行更加畅通无阻。初学者一开始就要养成良好的使用习惯。

1．防止震动

电脑均应避免震动，特别是在工作状态时，较大的震动会对硬盘等部件产生影响，或者是影响到板卡的接触。即使是关机状态，也应平稳地移动电脑，避免强烈震动。所以，应该尽量减少电脑的搬动次数，尤其不要在电脑处于工作状态时搬动电脑。

2．不要影响通风

电脑的机箱上、电源上都有通风口，其作用是减少电脑运行产生的热量，所以在摆放电脑时，要注意不能影响机箱的通风，避免通风口被其他物品堵塞，或排风不畅。

3．不要将光盘长期放在光驱中

这是初学者不太注意的一个问题，即使使用完了光盘也不退出，长时间地将光盘放在光驱中，这是非常不好的习惯。因为每次开机，电脑都要对光盘进行读取，从而减慢了系统的启动速度。另外，光盘长期放在光驱中，还容易吸附灰尘，加速磁头的老化，影响光驱的使用寿命。

4．定时查杀病毒

电脑病毒比较猖獗，传播途径主要是网络、U 盘、光盘等，其危害较大，轻则使电脑死机、运行速度减慢；重则删除电脑数据、导致系统瘫痪、无法启动等。所以电脑要安装杀毒软件，定期查杀病毒。

5．关机后切断电源

关机后一定要拔下电源插头，真正切断电源，这样可以有效避免一些意外的自然灾害，例如雷击、电火等。雷雨较多而且避雷设施又不好的地区，每年都有雷击现象发生，导致家电被烧毁。面对自然灾害，我们无法抗拒，但是可以有效避免，良好的使用习惯是至关重要的。电闪雷鸣时，最好不要使用电脑，关机后要记住切断电源。

12.1.3　正确的操作

使用电脑时一定要按照正确的方法进行操作，这样不仅有利于延长电脑的使用寿命，也有利于当前文件的安全保护或系统的稳定性。

1．正确开关机

电脑在开关机时都会对配件造成一定的冲击，不正确的开关机顺序或者频繁地开关机会缩短配件的寿命，尤其对硬盘的损害较为严重。

正确的开关机应该是先开外围设备，后开主机；关机时应通过 Windows XP 系统下达关机命令，由 Windows 完成关机，最后切断电源。关机以后，至少要等待一分钟以上才能再次开机。

2．严禁带电拔插设备

在电脑运行时，绝对禁止带电拔插各板卡、外围设备等，切忌在带电状态下打开主机箱，对硬件设备进行操作。

不过 USB 设备除外，因为它是支持热拔插的设备，如 U 盘、手机、数码相机等，可以在通电的情况下进行拔插，但前提是已经正常退出 USB 设备。

3．不要用手触摸屏幕

无论 CRT 显示器还是液晶显示器，使用过程中会在屏幕上积累大量的静电，用手触摸会导致静电释放，从而损伤荧光粉或液晶。另外用手触摸屏幕，不但会留下指纹和污渍，还有可能破坏显示器上的特殊涂层，对于液晶显示屏而言，则可能划伤保护层、损害液晶分子，影响显示效果。

4．不要用力敲击键盘

键盘的按键下面是一块电路板，键帽与电路板之间是一些小小的弹性胶垫，如果经常用力敲击键盘，尤其是 Enter 键，胶垫容易失去弹性，因此使用键盘时用户只需要轻轻按下键盘按键即可。

重点提示　电脑不是摆设品，而是学习与娱乐的工具。所以，对于初学者而言，既不要因为电脑娇贵不舍得使用，也不要不讲究方法野蛮操作，而应该在保证操作正确的前提下大胆使用。

12.2　查杀电脑病毒

长期上网或者使用电脑工作的人，一般都有过电脑中毒的经历，因为电脑病毒总是防不胜防的。但是病毒并不可怕，可怕的是没有防毒意识。本节将介绍一些相关的病毒常识，让大家学会防毒与杀毒。

12.2.1　什么是电脑病毒

电脑病毒是指人为编制的或者在计算机程序中插入的，破坏电脑功能或者毁坏数据、影响电脑使用，并能自我复制的一组计算机指令或程序代码。它可以把自己复制到存储器中或其他程序中，进而破坏电脑系统，干扰电脑的正常工作。这与生物病毒的一些特性很类似，因此称为电脑病毒。

重点提示　在《中华人民共和国计算机信息系统安全保护条例》中对计算机病毒进行了明确的定义：计算机病毒是指编制或者在计算机程序中插入的破坏计算机功能或者破坏数据，影响计算机使用并且能够自我复制的一组计算机指令或者程序代码。

12.2.2　电脑病毒的特点

就像传染病是人类的克星一样，电脑病毒是电脑的克星，我们必须充分地认识它，时时防范，不能掉以轻心。下面介绍一下电脑病毒的特点。

(1) 破坏性。电脑感染病毒后，在一定条件下，病毒程序会自动运行，恶意占用电脑资源、破坏电脑数据、使程序无法运行等，甚至导致电脑瘫痪，破坏性极强。

(2) 传染性。传染性是病毒的重要特征，当使用光盘、U 盘等交换数据或者上网冲浪时，如果不注意防范，很容易被传染电脑病毒。电脑病毒的传播途径主要是数据交换感染，如果我们的电脑不与外界的任何数据发生交换，就不会感染病毒。

(3) 寄生性。电脑病毒往往不是独立的小程序，而是寄生在其他程序之中，当用户执行这个过程时，病毒就发作，这是非常可怕的。

(4) 隐藏性。电脑病毒的隐藏性很强，即使电脑感染了病毒，不使用专业工具很难发现，一个编写巧妙的病毒程序可以隐藏几个月甚至几年而不被发现。

(5) 多变性。很多电脑病毒并不是一成不变的，它会随着时间与环境的变化产生新的变种病毒，这更增加了防范病毒的难度。

(6) 潜伏性。电脑病毒在侵入电脑系统后，破坏性有时不会马上表现出来。它往往会在系统内潜伏一段时间，等待发作条件的成熟。触发条件一旦得到满足，病毒就会发作。

12.2.3　什么是木马

从本质上说，木马也是一种病毒，也是一段电脑程序，但是木马与传统意义上的病毒又存在着一定的区别，它被用来盗取用户的个人信息或者诱导用户执行该程序以达到盗取密码等各种数据的目的。下面简单介绍一些木马的分类。

(1) 破坏型：这种木马能够自动删除电脑上的某些重要文件，例如一些后缀名为 dll、ini、exe 的文件。

(2) 密码发送型：这种木马主要被用来盗窃用户的隐私信息，它能够把隐藏的密码找出来并且发送到指定的信箱。

(3) 键盘记录木马：这种木马只做一件事，就是记录用户的键盘操作记录，然后在硬盘的文件里查找密码并发送到指定的信箱。

(4) 程序查杀木马：这种木马主要是用来关闭用户电脑上运行的一些监控程序，以便让其他木马更好地发挥作用。

12.2.4　电脑病毒的传播与防范

电脑病毒产生的原因很多，传播的途径也很多，下面几种情况最容易传染病毒。

(1) 多人共用一台电脑。在多人共用的电脑上，由于每个人对病毒的防范意识不同，使用的文件来源各异，这样就容易为病毒的传播造成可乘之机。

(2) 从网络上下载文件或者浏览不良网站。目前，互联网是电脑病毒的主要传播途径。从网络上下载文件、接收电子邮件、QQ 传输文件等都可能传染病毒，另外一些不良网站也是病毒的滋生地。

(3) 盗版光盘与软件。来路不明的盗版光盘或软件极有可能携带病毒。

(4) U 盘或 MP3 等 USB 设备。现在 USB 外接技术越来越强大，U 盘、移动硬盘、数码相机、MP3 等都可以与电脑直接相连，所以这方面也成了病毒传播的途径之一，在使用外来 USB 设备时，一定要先查杀病毒。

电脑病毒的危害极大，在日常工作中一定要注意防范，及时采取措施，不给病毒以可乘之机。为了防止电脑感染病毒，要注意以下几个方面：

(1) 安装反病毒软件。

(2) 在公用电脑上用过的 U 盘，要先查毒和杀毒后再在自己的电脑上使用，避免感染病毒。

(3) 使用正版软件，不使用盗版软件。

(4) 在互联网上下载文件时要注意先杀病毒，接收电子邮件时，不随便打开不熟悉或地址奇怪的邮件，要直接删除它。

(5) 电脑中的重要数据要做好备份，这样一旦电脑染上病毒，也可以及时补救。

(6) 当电脑出现异常时，要及时查毒并杀毒。

(7) 使用 QQ 聊天时，不要接收陌生人发送的图片或单击陌生人发送的网址。

(8) 关闭或删除系统中不需要的服务，如 FTP 客户端、Telnet 和 Web 服务器。

12.2.5　安装金山毒霸

金山毒霸(Kingsoft Antivirus)融合了启发式搜索、代码分析、虚拟机查毒、云查杀等成熟可靠的反病毒技术，在查杀病毒种类、查杀病毒速度、未知病毒防治等方面达到了世界先进水平，同时具有病毒防火墙实时监控、压缩文件查毒、查杀电子邮件病毒等多项先进功能，为个人用户和企事业单位提供了完善的反病毒解决方案。

金山毒霸 2010 采用 09 年最新研发的"蓝芯 2"引擎，新引擎不仅在查杀未知病毒和变种上有质的飞跃。而在金山毒霸 2011 中，全面接入云安全、互联网可信认证技术，实现了低资源占用、高效保护、防御未知新病毒的技术革新，金山毒霸 2011 的内存占用仅为 19 MB，安全又极速！

用户可以到官方网站 http://www.duba.net 下载金山毒霸安装程序，然后进行安装，安装前应先关闭所有正在运行的应用程序。具体安装步骤如下：

步骤 1：双击金山毒霸安装程序图标，则进入安装向导对话框，如图 12-1 所示。在该对话框中可以更改安装路径，通常采用默认路径，此时单击 下一步 按钮即可。

图 12-1　金山毒霸安装向导对话框之一

　　步骤 2：此时开始自动安装金山毒霸，并且显示安装进度，用户只需要耐心等待即可，不需要任何操作，如图 12-2 所示。

图 12-2　金山毒霸安装向导对话框之二

　　步骤 3：等待安装完成后，进入向导对话框的"安装完成"页面，在该页面中有三个选项，用户可以根据需要选择，然后单击 完成(F) 按钮则完成了金山毒霸的安装，如图 12-3 所示。

图 12-3　金山毒霸安装向导对话框之三

12.2.6　快速扫描与全盘扫描

在安装金山毒霸的最后一个页面中，有一个【立即进行一次快速扫描】选项，如果选择了该选项，在完成安装的同时将启动快速扫描功能，对电脑的系统区域进行扫描，以便查杀潜在的病毒。

另外，安装了金山毒霸以后，随时都可以对电脑进行快速扫描与全盘扫描。下面以全盘扫描为例，介绍具体操作步骤。

步骤 1：启动金山毒霸 2011，该界面中有三个大图标按钮，用于执行常规的杀毒操作，单击【全盘扫描】按钮，如图 12-4 所示。

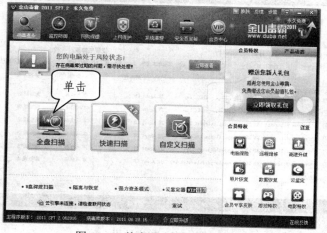

图 12-4　单击【全盘扫描】按钮

步骤 2：这时将进入病毒查杀界面，上方显示扫描进度，下方显示扫描信息，其中包括扫描类型、数量、状态三项，如图 12-5 所示。

图 12-5　全盘扫描进程中

步骤 3：如果要查看扫描结果，可以切换到【扫描结果】选项卡，在这里可以看到查到的病毒信息，包括病毒的位置、名称、类型等，如图 12-6 所示。

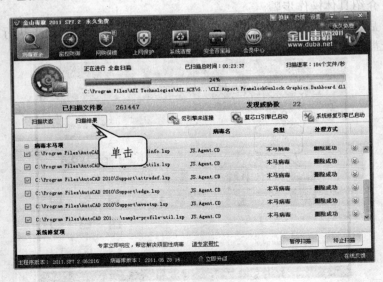

图 12-6　扫描结果

步骤 4：如果中途要停止查杀病毒，可以单击 终止扫描 按钮，这时将结束扫描操作，否则只需要耐心等待即可。

步骤 5：完成全盘扫描以后，将显示查到的病毒数目、扫描所用的总时间、扫描速率等信息，此时单击 立即处理 按钮，可以对查到的病毒进行处理，如图 12-7 所示。

图 12-7　处理查到的病毒

步骤 6：对病毒处理完成以后，将出现如图 12-8 所示的页面，此时单击 返回 按钮即可。

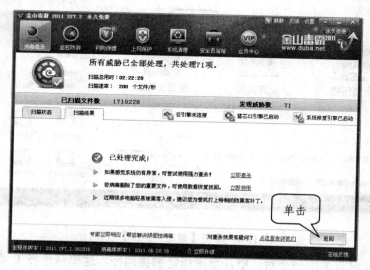

图 12-8　处理完成页面

在电脑中第一次安装了杀毒软件以后，最好进行一次全盘扫描，这样可以彻底查杀病毒，但是全盘扫描需要的时间较长。

重点提示

12.2.7　自定义杀毒

全盘扫描的优势在于杀毒彻底，但是需要的时间较长，所以有时用户往往会选择自定义杀毒，例如，当使用 U 盘传输数据时，为了防止病毒的传染，就有必要对 U 盘进行杀毒。下面以 U 盘杀毒为例，介绍如何进行自定义杀毒操作。

步骤 1：接入 U 盘以后，启动金山毒霸 2011，在主界面中单击【自定义扫描】按钮，如图 12-9 所示。

图 12-9　单击【自定义扫描】按钮

步骤 2：此时将弹出一个对话框，要求指定扫描路径，这里只选择 L 盘(即 U 盘)，然后单击 确定 按钮，如图 12-10 所示。

图 12-10   指定扫描路径

步骤 3：指定扫描路径以后，金山毒霸开始对指定的路径进行扫描，此过程与全盘扫描完全一致，上方显示扫描进度，下方显示扫描信息，如图 12-11 所示。

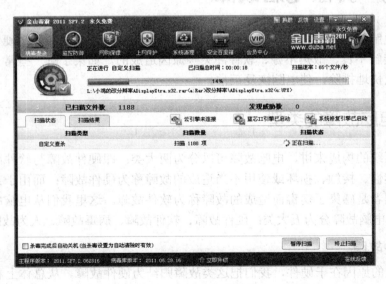

图 12-11   自定义扫描进程中

步骤 4：扫描完成以后，将提示扫描结果，如果查到病毒，参照全盘扫描进行处理即可；如果没有病毒，将出现如图 12-12 所示的页面，此时单击 返回 按钮即可。

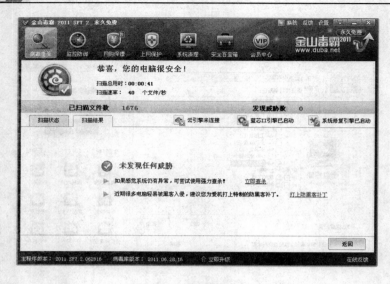

图 12-12　扫描结果页面

📖 12.3　排除电脑故障

在使用电脑的过程中，总会遇到这样或那样的电脑故障，有时并不是硬件的损坏造成的，可能是接触不良、散热不好、软件冲突等原因造成的。如果了解一些常见电脑故障现象，就可以很快地排除，使电脑恢复正常。

12.3.1　电脑故障的类型

从电脑系统的构成来讲，电脑故障可以分为两大类：即硬件故障与软件故障。由硬件的质量、兼容性、接触、损坏或使用不当造成的故障称为硬件故障；而由于某些软件的文件被误删，或者是感染了病毒而造成的故障称为软件故障。这里我们从电脑故障产生的原因来划分，将电脑故障分为五大类：硬件故障、软件故障、病毒故障、人为故障和假故障。

1. 硬件故障

故障产生的原因在于硬件，我们把这类故障归结为硬件故障。从总体上看，硬件故障大致可以分为以下 4 类：

(1) 元件故障：这类故障主要是由于组成电脑的板卡或元件之间接触不良、兼容性不好、电路印刷板锈蚀等引起的故障。

(2) 电源故障：由于电源供电不足、电源功率较低或不供电引起的故障，通常造成无法开机、电脑不断重启等现象。

(3) 存储介质故障：这类故障主要是由于 U 盘或硬盘存储介质损坏而造成的系统引导数据丢失。另外，当电脑中有多个硬盘时，主从盘跳线错误会导致无法识别驱动的故障。

(4) 机械故障：机械故障通常发生在外部设备中，如打印机断针、色带损坏、光驱磁头磨损、键盘按键接触不良或按键失效等。

2．软件故障

对电脑使用者来说，电脑故障少数是由于硬件所造成的，绝大多数是由于软件故障造成的，也就是说由于操作不当或应用软件损坏造成的故障。主要包括以下几个方面：

(1) 文件丢失：由于操作错误、安装或运行了具有破坏性或不兼容的程序，造成文件丢失，从而导致工作不能进行。

(2) 版本不匹配：由于软件的版本之间或软件与运行环境之间不匹配，而造成软件不能运行、文件出错等。例如，一些软件不允许在同一台电脑中安装不同的版本，而有一些软件的运行需要 DirectX9.0 或 Microsoft .Net Framework 3.0 的支持。

(3) 软件冲突：软件与系统设置、运行环境以及不同软件之间存在冲突，会导致存取区域、工作地址发生冲突，从而使工作混乱或文件丢失。

3．病毒故障

病毒故障是由于电脑病毒而引起的电脑系统工作异常，例如运行速度缓慢、系统无法启动、电脑无故死机、基本数据丢失等。这种故障虽然可以用硬件手段、杀毒软件和防病毒软件等进行防御和杀毒，但是由于病毒具有隐蔽性、多样化、传染性，所以这种故障是不可预测和估计的，只能做到杀防结合，防患于未然。

4．人为故障

人为故障是指用户对电脑的性能、操作方法不熟悉，甚至不小心而导致的故障，所涉及的问题大致包括以下几个方面：

(1) 带电拔插：在通电的情况下拔插板卡而造成的损坏；硬盘运行时突然关闭电源或搬动机箱，导致硬盘磁头未推至安全区而造成损坏。

(2) 接线错误：直流电源插头或 I/O 通道接口插反或位置插错，信号线接错接反。一般来说，除电源线接反能造成损坏外，其他错误只要更正即可。

(3) 不小心所致：这类人为故障并不多见，但是仍然存在。例如不小碰倒了正在工作的电脑而导致电脑部件的损坏；拆卸硬盘时不小心被静电击穿；不小心碰断了光驱托盘等等。

5．假故障

所谓的假故障也就是电脑根本就没有故障，而是由于用户不了解电脑而造成的电脑

"罢工"，并不是真正的硬件故障或软件故障，只是当前的工作任务无法进行下去。下面介绍几种假故障现象，以利于快速确认故障原因，避免不必要的故障检索工作。

(1) 电源插座、开关问题：很多外围设备都是独立供电的，运行电脑时只打开电脑的主机电源是不够的。例如：显示器电源开关未打开，会造成"黑屏"的假象；打印机、扫描仪等都是独立供电设备，如果不工作，首先应检查设备电源是否正常、电源插头/插座是否接触良好、电源开关是否打开等。

(2) 连接问题：外围设备与电脑之间是通过数据线连接的，数据线脱落、接触不良均会导致外围设备工作异常。例如，显示器接头松动会导致屏幕偏色、无显示等故障；打印机与电脑的接口不良会导致无法打印、找不到打印机等故障。

(3) 设置问题：有一些设置不正确也会造成假故障，例如，硬盘跳线位置不对会导致找不到硬盘驱动器；禁止了声音会导致音响不出声；显示器刷新频率设置过低会导致屏幕抖动很厉害。

(4) 粗心导致：对电脑一窍不通的人容易犯这样的错误，反而被认为是电脑故障，例如，U 盘被写保护而不能保存数据；光盘放反了而导致不能读取等等。

总之，稍微学一些电脑知识，就可能杜绝假故障现象，特别是对电脑一无所知的初学者，一定要多了解一些电脑、外围设备、应用软件的基本使用，多阅读产品说明书与相关电脑图书，多向电脑行家请教，这样可以提高自己的电脑水平，杜绝假故障，减少无谓的恐慌。

12.3.2　电脑故障的检测方法

电脑故障五花八门，一旦电脑出现故障千万别慌，一定要冷静处理，正确判断出故障所在，这样才能有效地排除故障。所以，我们必须学会检测电脑故障的一些方法，这样，在出现问题时才不至于手忙脚乱。下面介绍一些常见的检测方法。

1．原理分析法

这种方法是从理论上进行分析，按照电脑的基本工作原理，从逻辑上分析各部件应有的特征，进而找出电脑故障的原因。简单地讲，就是在一定的时刻，某个部件应该满足一定的特征，如果不满足，就说明这个部件可能存在故障，然后再进一步分析该部件，找到故障原因。这是排除电脑故障的基本方法，但也是最复杂和最困难的方法，不适合新手使用。

2．程序诊断法

采用专门检查电脑故障的程序作为工具对电脑进行检测。此类软件很多，既有系统提供的专用检查诊断程序，例如 DR.Watson、DirectX 诊断工具等；也有一些专门的小工具，如鲁大师、超级兔子、Windows 优化大师等，它们都可以提供处理器、存储器、显示器、软件、光盘驱动器、硬盘、键盘、鼠标、打印机、各类接口和适配器等信息的检测。

3．直接观察法

简单地说，就是通过人的感觉器官来判断电脑故障，这是最简单、最实用、最有效的判断方法，通过看、摸、听、嗅等方式来完成电脑故障的检测。

看：即观察电脑，观察电脑是否有烟雾；插头插座是否松动；元件的管脚是否断裂；各种板卡表面是否有烧焦变色的地方；有没有虚焊、断线的地方等。

摸：即根据温度或接口的松紧度判断设备是否运行正常，例如用手摸电脑的元件是否发热；芯片是否松动或接触不良等。

听：即监听 BIOS 报警声、电源风扇或各种电机设备发出的声音是否正常，及时发现一些故障隐患。

嗅：指打开机箱闻一闻主板或者其他线路是否有烧焦的气味，以便发现故障。

4．拔插法

拔插法是排除电脑硬件故障的常用方法，即在关闭电脑的情况下，逐一拔下主板上的组件，每拔一块，测试一次电脑状态。当拔下一块组件后电脑恢复正常，那么证明故障出现在刚才拔下的组件上，否则继续依次拔下组件，直到查找到故障的原因。如果所有的组件都进行了拔插测试，故障仍然存在，则故障很可能出在主板上。使用拔插法检测故障的典型实例就是内存条故障。

5．交换法

交换法也是比较常用的硬件故障检测手段，就是将相同的组件进行交换，然后再开机检测是否通过，如果故障排除，就证明被替换的组件存在问题。例如，声卡不发声，可以换一块声卡进行检测；内存自检不通过，可以调换内存插槽或者换上别的内存；光驱不能读盘，可以更换数据线、换一张光盘、甚至更换一个光驱来判断是什么问题。

交换法判断故障主要适用于电脑公司的技术人员，对于个人不太现实，因为没有那么多相同的组件替换使用。

6．比较法

这种方法比较常用，就是同时运行一台故障电脑和一台正常电脑，根据两台电脑在启动或者执行同样操作时出现的不同表现，初步判断出故障的产生部位，继而运用其他的方法进行排除。

7．最小系统法

最小系统法是指将主机箱内的组件精减到刚好可以运行电脑为准，拔掉硬盘、内存、光驱、声卡、键盘、鼠标等，然后打开电脑，看是否能够通过自检，如果不能，则说明故障出在主板、CPU 等主要部件上，否则，用户可逐步在主板上加插部件，一步步确认电脑故障。例如，用户可先将内存条插回主板，打开电源，若有报警声，则说明是内存故障，接下来再插入其他部件，如硬盘等。

12.3.3　处理故障的原则

如果电脑发生故障，我们处理故障时要按部就班，遵循一定的原则去处理，这样可以减少很多不必要的麻烦。

1．先假后真的原则

处理故障时，首先一定要明确电脑是不是存在真正的故障，所以要先检查线路、开关、操作等是否有不当之处，排除了"假故障"后再考虑真故障。

2．先软后硬的原则

当电脑发生故障时，应该先从软件和操作系统上来分析原因，排除软件方面的原因后，再开始检查硬件的故障。一定不要一开始就盲目地拆卸硬件，避免做无用功。这是电脑急救的基本原则。

3．先外后内的原则

电脑发生故障时，还要遵循先外后内的原则，即先检查外部设备，然后再检查主机，由外到内逐步查找。例如，打印机不能打印文件，要先检查电源的连接、信号线的连接、开关、打印机本身，排除这方面的故障后，最后再检查主机，直至把故障原因确定到一定的设备上，然后再进行故障处理。

4．先简后繁的原则

在排除故障时，要先排除那些简单而容易处理的故障，然后再去排除那些困难、不好解决的故障。因为在排除简单故障的同时，或许会在工作过程中得到启示，为解决困难故障提供思路。如果幸运的话，可能这个简单故障的排除，也使困难故障变得简单了。

12.3.4　处理故障时的注意事项

在处理电脑故障时，我们可能会对硬件进行操作，这时一定要倍加小心，不可莽撞行事，避免解决了一个故障又引发另一个故障。在处理电脑故障时需要注意以下事项：

(1) 断电操作：在拆装电脑组件时，一定要先切断电源，然后再进行操作。在带电的情况下拔插各种板卡、插头和接线，会产生很强的瞬间电压，足以击毁芯片，烧坏电脑。

(2) 安全通电：在弄清楚故障产生的原因前，不可贸然通电。特别是要开机检测时，一定要先检查一下电路是否正常无误，确保安全通电，否则可能会有更大的损坏，得不偿失。

(3) 小心静电：静电的危害很大，尤其是干燥的冬天，双手经常带有静电，如果这时要操作电脑硬件，危险性很大，静电可能会击穿电路板，损坏电脑元件。如果必须要拆装电脑硬件，可以先用双手摸一下墙壁，这样可以消除静电，然后再操作电脑。

(4) 准备充分：在维修电脑前准备要充分，应先备齐工具(如螺丝刀)、启动盘、安装盘等等，以免在维修过程中发现少了某种工具而无法继续。

12.3.5　常见电脑故障的处理

电脑给我们带来方便的同时，也给我们带来了不少烦恼，因为经常会遇到各种各样的故障：系统死机、出现蓝屏、无法启动、硬盘丢失、鼠标不动、键盘失灵……，所以本节将介绍一些常见的电脑故障及其处理方法。

1．电脑无法启动

现象：启动电脑时，按下 Power 按钮后没有任何反应，且硬盘指示灯不亮，没有任何声音，但是以前每次开机都很顺利。

分析：开启电源以后，电脑没有任何反应，风扇不转动，硬盘指示灯不亮，这说明供电系统出了问题。排除这种故障，一般可以从以下方面入手：

(1) 检查连接电脑的电源插座是否正常，电线连接是否正常。

(2) 检查机箱内的电源供电是否正常，最简单的办法是换一个电源试试。

(3) 如果上述两步都没有问题，接下来则要检查主板。先检查主板和开机按钮的连接有无松动，开关是否正常，如果仍然不行，只有更换一块主板进行测试。

2．无法正常关机

现象：执行关机操作以后，电脑没有反应，不能完成关机操作。

分析：这种情况大多数是由于用户在添加(或删除)软件时，改动了系统注册表文件，造成关机程序无法执行而不能正常关机。解决方法是先按住主机箱上的 Power 按钮持续4～5秒钟，看是否能关机；如还不能关机可采取强行断电进行关机，然后重新启动电脑，修复注册表文件。

3．电脑蓝屏故障

现象：在电脑运行过程中，偶尔出现蓝屏现象。

分析：出现电脑蓝屏故障的原因很多，例如操作不当，程序软件与系统不兼容，内存故障，显卡故障，病毒与木马等。电脑蓝屏时，可以按以下步骤排除故障：

(1) 重新启动电脑：有时出现蓝屏是由于某个程序一时出错造成的，这时重启电脑即可。

(2) 检查硬件是否插牢：有时安装新硬件以后会出现蓝屏现象，这时要先检查是否插牢，或者换个插槽测试，并且正确安装驱动程序。

(3) 检查新驱动和新软件：如果刚安装了某硬件的新驱动或安装了新软件，而又在系统服务中添加了相应的项目(如杀毒软件)，此时如果出现蓝屏现象，卸载并重新安装该软件即可排除故障；如果故障仍然存在，则可能是软件本身的问题。

(4) 检查病毒：冲击波和震荡波等病毒有时会导致 Windows 蓝屏，因此查杀病毒是必不可少的。同样，一些木马软件也会引发蓝屏，所以最好再用相关工具进行扫描检查。查杀病毒与木马以后，修复系统即可。

(5) 检查 BIOS 与硬件的兼容性：如果用户新组装的电脑出现蓝屏现象，应该检查并升级 BIOS 到最新版本，这里可能存在兼容性问题，或者不支持大容量硬盘。

(6) 安装最新的系统补丁：有些蓝屏故障是 Windows 自身缺陷造成的，所以，可以通过安装系统补丁和 Service Pack 来解决。目前很多软件都带漏洞扫描程序，如金山毒霸就具有该功能，使用它可以在线升级、安装系统补丁。

4．电脑死机故障

现象：在电脑运行过程中，出现死机故障。

分析：电脑死机现象非常复杂，也许是硬件问题，也许是软件冲突，甚至有时仅仅是散热不好造成的。出现这种故障时，可以从以下几个方面排除故障：

(1) 如果是启动电脑时死机，可以根据开机自检时的鸣笛音确定故障部位，对其重点检查，同时也不能忽略相关部件的检查。

(2) 硬件安装不到位、插口松动、连接不正确，也可能引起死机。这时可以对一些主要板卡(如显卡、内存条)从插槽上拔下来重新安装一遍，如果有空闲插槽，也可以更换插槽试一试，以解决接触问题。

(3) 安装不当导致部件变形、损坏引起的死机：电脑板卡的插口往往都是对应的，如果接触不良，或者插头针脚出现变形或损坏，可能导致死机。这时只要正确安装，或者更换损坏的元件，就可以排除电脑死机故障。

(4) 积尘导致系统死机：灰尘是电脑的大敌，过多的灰尘附着在 CPU、芯片、风扇的表面会导致这些元件散热不良，从而出现死机现象。处理方法就是清除积尘，或者加强散热效果。

(5) 部件受潮导致死机：长时间不使用电脑，会导致部分元件受潮而不能正常使用，这时可以使用吹风机对受潮元件进行"除潮"处理。

(6) 板卡、芯片针脚氧化导致接触不良，也可能出现死机现象。这时只要将板卡、芯片拔出，用橡皮擦轻轻擦拭针脚表面，去除氧化物，重新插入插槽即可。

(7) 板卡、外设接口松动导致死机：仔细检查各 I/O 插槽插接是否正确，各外设接口接触是否良好，线缆连接是否正常。